Z-127

Akademie der Wissenschaften und der Literatur   Mainz

Jahrbuch 2006

Akademie der Wissenschaften und der Literatur Mainz

Jahrbuch 2006

(57. Jahrgang)

FRANZ STEINER VERLAG · STUTTGART

herausgegeben von

Akademie der Wissenschaften und der Literatur · Mainz
Geschwister-Scholl-Straße 2
55131 Mainz
Tel. (06131) 577 0
Fax (06131) 577 111
www.adwmainz.de

(Redaktionsschluss: 1. März 2007)

Fotonachweise:

S. 24: Karl Hofer, Neue Zürcher Zeitung
S. 27: Foto Studio Ohler, Bruchsal
S. 49: (A. Krauß): Susanne Schleyer
S. 50: (K.-H. Ott): Sabine Schnell, Freiburg
S. 55: Mathias Michaelis, 2005, Deutsches Literaturarchiv, Marbach a.N.
S. 60: B. Hoffmann

Bibliografische Information der Deutschen Nationalbibliothek

Die Deutsche Nationalbibliothek verzeichnet diese Publikation in der Deutschen Nationalbibliografie; detaillierte bibliografische Daten sind im Internet über <http://dnb.d-nb.de> abrufbar.

ISBN: 978-3-515-09048-3

© 2007 by Akademie der Wissenschaften und der Literatur, Mainz.

Alle Rechte einschließlich des Rechts zur Vervielfältigung, zur Einspeisung in elektronische Systeme sowie der Übersetzung vorbehalten. Jede Verwertung außerhalb der engen Grenzen des Urheberrechtsgesetzes ist ohne ausdrückliche Genehmigung der Akademie und des Verlages unzulässig und strafbar.

Umschlaggestaltung: Rüdiger Tonojan, Denzlingen
Herstellung: Lektorat der Akademie (lektorat@adwmainz.de)
Druck: Rheinhessische Druckwerkstätte, Alzey
Gedruckt auf säurefreiem, chlorfrei gebleichtem Papier.

Printed in Germany

Inhalt

Präsidium	9
Verwaltung	10
Generalsekretär	10
Geldverwendungsausschuss	11
Verein der Freunde und Förderer	11
Personalrat	11
Jahresfeier der Akademie	
Ansprache der Präsidentin	13
Todesfälle	22
Nachrufe	
Nachruf auf Werner Weber von Hrn. Miller	23
Nachruf auf Gerhard Funke von Hrn. Kodalle	26
Nachruf auf Herbert Oelschläger von Hrn. Mutschler	32
Nachruf auf Erich Loos von Hrn. Pfister	35
Nachruf auf Walter Henn von Hrn. Kollmann und Hrn. Ramm	37
Nachruf auf Sedat Alp von Hrn. Wilhelm	42
Nachruf auf Wido Hempel von Hrn. Baasner	44
Neuwahlen	49
Antrittsreden der neuen Mitglieder 2003/2004	
Antrittsrede Hr. Martin Carrier	53
Antrittsrede Frau Sigrid Damm	55
Antrittsrede Hr. Joachim Maier	57
Antrittsrede Hr. Volker Mosbrugger	59
Antrittsrede Hr. Dirk von Petersdorff	60
Antrittsrede Hr. Michael Röckner	62
Antrittsrede Hr. Wolfgang Schweickard	63
Plenar- und Klassensitzungen	65
Kurzfassungen der im Plenum gehaltenen Vorträge	67
Colloquia, Symposien und Ausstellungen	74
Akademiepreis des Landes Rheinland-Pfalz	75
Verleihung der Leibniz-Medaille an Herrn Professor Dr. Jürgen Zöllner	81
Verleihung des Walter Kalkhof-Rose-Gedächtnispreises zur Förderung des wissenschaftlichen Nachwuchses an Herrn PD Dr. Miloš Vec	81
Verleihung des Förderpreises Biodiversität an Frau Dipl.-Biol. Claudia Koch	82
Festvortrag anlässlich der Jahresfeier 2006	83

Mitglieder (Anschriften) 85
Sachverständige der Kommissionen (Anschriften) 112
Zeittafel 120
    Ehrenmitglieder 120
    Ordentliche Mitglieder 120
    Korrespondierende Mitglieder 124
    Inhaber der Leibniz-Medaille 127
    Verstorbene Inhaber der Leibniz-Medaille 129
    Preisträger der Wilhelm-Heinse-Medaille 130
    Preisträger des Nossack-Akademiepreises 131
    Joseph-Breitbach-Preis 131
    Orient- und Okzident-Preis 132
    Akademiepreis des Landes Rheinland-Pfalz 132
    Preisträger des Walter Kalkhof-Rose-Gedächtnispreises 132
    Preis der Commerzbank-Stiftung 133
    Rudolf-Meimberg-Preis 133
    Ehrenring der Akademie 134
    Förderpreis Biodiversität 134
    Walter und Sibylle Kalkhof-Rose-Stiftung 135
    Kurt-Ringger-Stiftung 135
    Erwin-Wickert-Stiftung 135
    Wilhelm-Lauer-Stiftung 135
    Colloquia Academica 136
    Poetikdozentur der Akademie der Wissenschaften und der Literatur
    an der Universität Mainz 137
    Präsidenten der Akademie 138
    Vizepräsidenten der Mathematisch-naturwissenschaftlichen Klasse 138
    Vizepräsidenten der Geistes- und sozialwissenschaften Klasse 138
    Vizepräsidenten der Klasse der Literatur 139
    Generalsekretäre 139
    Verstorbene Ehrenmitglieder 140
    Verstorbene Mitglieder 140

Kommissionen
    I.   Mathematisch-naturwissenschaftliche Klasse 145
    II. Geistes- und sozialwissenschaftliche Klasse 147
    III. Klasse der Literatur 155

Arbeitsstellen 156

Personenregister 168

Inhalt CD-ROM

Berichte der Kommissionen
    Geistes- und sozialwissenschaftliche Klasse
    Klasse der Literatur
    Mathematisch-naturwissenschaftliche Klasse

Musikwissenschaftliche Editionen – Jahresbericht 2006

Schriftentausch

Veröffentlichungen der Akademie
    Abhandlungen der Mathematisch-naturwissenschaftlichen Klasse
    Abhandlungen der Geistes- und sozialwissenschaftlichen Klasse
    Abhandlungen der Klasse der Literatur
    Sonstige Veröffentlichungen der Akademie

Veröffentlichungen der Mitglieder

Akademie der Wissenschaften und der Literatur, Mainz

Präsidentin
Dr. Elke Lütjen-Drecoll, o. Professorin
Büro: Juliane Klein

Vizepräsident Mathematisch-naturwissenschaftliche Klasse
Dr. Gerhard Wegner, o. Professor

Vizepräsident Geistes- und sozialwissenschaftliche Klasse
Dr. Gernot Wilhelm, o. Professor

Vizepräsident Klasse der Literatur
Albert von Schirnding

Verwaltung

Generalsekretär

Dr. jur. Claudius Geisler
Sekretariat: Bianca Müller

Koordinierungsaufgaben

Dr. Carlo Servatius
Ltd. Akademischer Direktor
Sekretariat: Sieglinde Olszowy

Wolfgang Stemmler
Oberregierungsrat

Fachwissenschaftliche Informationstechnologie

Dr. Andreas Kuczera

Lektorat und Herstellung

Olaf Meding M.A., Gabriele Corzelius

Referentin der Klasse der Literatur

Petra Plättner

Bibliothek und Schriftentausch

Ruth Zimmermann

Akademiekasse, Finanz- und Personalverwaltung

Karola Borg, Mario Duvnjak, Sabine Gill,
Birgitt Hatzinger, Marc Stütz, Heidi Thierolf

Hausdienst

Sie Edy Kambou, Reinhard Lukas, Christa Müller

Koordinierung der musikwissenschaftlichen Editionen

(Union der deutschen Akademien der Wissenschaften): Dr. Gabriele Buschmeier
Sekretariat: Gabriele Biersch

Geldverwendungsausschuss

Präsidentin: Lütjen-Drecoll
Vizepräsidenten: v. Schirnding, Wegner, Wilhelm
Mitglieder: Barthlott, Fried, Hesse, Luckhaus
H. Otten, Pörksen (Vertreter: H. D. Schäfer), Stolleis, Zintzen
Generalsekretär: Geisler

Verein der Freunde und Förderer der Akademie der Wissenschaften und der Literatur zu Mainz e.V.

Vorsitzender:
Helmut Rittgen

Personalrat

Dr. Andreas Kuczera, Mainz; Reinhard Lukas, Mainz;
Olaf Meding M.A. (stellv. Vorsitz), Mainz; Dr. Hans-Christoph Noeske, Frankfurt/M.;
Dr. Dieter Rübsamen (Vorsitz), Mainz;
Dr. Manfred Wenzel (stellv. Vorsitz), Marburg; Dr. David Wigg-Wolf, Frankfurt/M.

Sprecherin der wissenschaftlichen Mitarbeiterinnen und Mitarbeiter

PD Dr. Daniela Philippi (Mainz), Vertreter: Dr. Andreas J. Grote (Würzburg)

Beauftragte

Dr. Rüdiger Fuchs (Datenschutz),
Tanja Gölz M.A. (Gleichstellung), Vertreterin: Sabine Gill,
Professor Dr. Ernst-Dieter Hehl (Netzwerk und Sicherheit)

JAHRESFEIER
DER AKADEMIE DER WISSENSCHAFTEN UND DER LITERATUR

am Freitag, dem 3. November 2006, im Plenarsaal der Akademie

ANSPRACHE DER PRÄSIDENTIN
ELKE LÜTJEN-DRECOLL

Meine sehr verehrten Damen und Herren,
ich darf Sie zu unserer Jahresfeier ganz herzlich willkommen heißen und freue mich, dass Sie unserer Einladung gefolgt sind und damit Ihr Interesse an der Arbeit unserer Akademie bekunden.

In diesem Jahr wird der Hauptvortrag von einer Ausstellung des international bekannten Künstlers Michael Morgner, Mitglied der sächsischen Akademie der schönen Künste, sowie von einer Skulpturenausstellung des Künstlers Alexander Simon im Garten unserer Akademie begleitet. Das Thema der Ausstellung „Narben" und die Farben der Bilder vermitteln zunächst einen düsteren Eindruck. Wie Herr Hoffmann im Kommentar zum Ausstellungskatalog ausführt, hatte die unter dem Namen „Clara Mosch" zusammengefasste Chemnitzer Künstlergruppe unter den Repressalien des damaligen Regimes zu leiden. Narben sind jedoch keine Wunden, sondern Zeichen dafür, dass Wunden verheilt sind, die Schicksalsschläge aber Markierungen hinterlassen haben. Ich habe mehrere Ausstellungen des Künstlers Michael Morgner gesehen und Gespräche mit ihm geführt. Aus diesen Gesprächen ergab sich für mich, dass er, wie auch die anderen Mitglieder der früheren Gruppe „Clara Mosch", ein eindrucksvolles Beispiel dafür bieten, dass die Heilung seelischer Wunden und Erschütterungen, die wir heute in unserer Gesellschaft vermehrt antreffen müssen, mit der Befriedigung materieller Bedürfnisse allein nicht gelingen kann, sondern durch ideelle Werte erfolgen muss. Eine viel stärkere Hinwendung zu unseren kulturellen Wurzeln ist ebenso erforderlich wie eine intensive Beschäftigung mit den vielfältigen Formen der Kunst, die sich mit ihren Mitteln mit den existentiellen Fragen unseres Menschseins auseinandersetzt.

Die Akademie hat das Privileg, sich mit solchen Fragen interdisziplinär zu beschäftigen, und ich bin besonders dankbar dafür, dass Sie, Herr Staatsminister Zöllner, unsere Akademie in diesen Bemühungen so wirkungsvoll unterstützen. Ich möchte Sie ganz herzlich bei uns willkommen heißen. Mein Dank gilt auch den für uns zuständigen Mitarbeitern Ihres Hauses sowie der Vertreterin der Bund-Länder-Kommission, die die Vorhaben der Akademie nachdrücklich unterstützen.

Dem Landtag und besonders auch Ihnen, Frau Vizepräsidentin Klamm, ist die Akademie besonders verbunden und zu Dank verpflichtet, da wir durch gemeinsame Veranstaltungen in Ihren Räumen eine Plattform für eine breitere Wirksamkeit erhalten.

Meine Damen und Herren, wie Sie sicherlich bemerkt haben, hat die Akademie im letzten Jahr große Anstrengungen unternommen, um stärker in das Bewusstsein der Mainzer Öffentlichkeit zu gelangen. Ihnen, lieber Herr Oberbürgermeister Jens Beutel sowie den Mitgliedern des Stadtrates, möchte ich für Ihre bisherige Unterstützung Dank sagen. Ich hoffe, dass Sie der Akademie auch in Zukunft Ihre Hilfe zukommen lassen.

Unsere Akademie pflegt seit langem, gute und intensive Kontakte zu den Vertretern der verschiedenen Religionsgemeinschaften, über deren Anwesenheit ich mich freue.

Im letzten Jahr konnte die fruchtbare und freundschaftliche Zusammenarbeit mit den Universitäten des Landes durch die Vorbereitungen zum Jahr der Geisteswissenschaften 2007 weiter intensiviert werden. Ich freue mich, dass die Präsidenten der Universitäten Mainz und Trier, Herr Michaelis und Herr Schwenkmezger sowie die Vizepräsidenten der Universität Mainz heute anwesend sind.

Für die Akademie von großer Bedeutung sind die Freunde und Förderer, die wesentlich dazu beigetragen haben, dass sich das äußere Bild der Akademie in diesem Jahr so eindrucksvoll verändern konnte. Ich begrüße herzlich den Vorsitzenden des Vereins der Freunde und Förderer, Herrn Helmut Rittgen, Präsident der Hauptverwaltung Mainz der Deutschen Bundesbank sowie auch die Stifter der diesjährigen Preise, die heute hier verliehen werden: Frau Kalkhof-Rose und Herrn Barthlott sowie die diesjährigen Preisträger Herrn Vec und Frau Koch.

Es ist guter Brauch, die Vertreter der befreundeten Akademien an das Ende der Begrüßungsliste zu setzen, wobei gerade in der heutigen Zeit der Zusammenhalt der Akademien besonders wichtig ist. Ich freue mich deshalb über die Anwesenheit der Vertreter der österreichischen Akademie der Wissenschaften, Herrn Metzeltin, der Jungius-Gesellschaft, Herrn Kraus und der Braunschweiger Gelehrtengesellschaft, Herrn Klein. Ihre Anwesenheit, Herr Gottschalk, als Präsident der Union der deutschen Akademien der Wissenschaften sowie die Anwesenheit des Vizepräsidenten der Union und des Präsidenten der Heidelberger Akademie Graf Kielmansegg, des Präsidenten der Bayerischen Akademie, Herrn Willoweit, des Präsidenten der Berlin-Brandenburgischen Akademie, Herrn Stock, des Präsidenten der Göttinger Akademie Herrn Roesky sowie des Präsidenten der Hamburger Akademie Herrn Reinitzer unterstreicht den Zusammenhalt, der hoffentlich bald zu einer befriedigenden Lösung des DAW-Problems (Deutsche Akademien der Wissenschaften) führen wird. Für die Düsseldorfer Akademie begrüße ich Frau Peyerimhoff, für die Sächsische Akademie Frau Hülsenberg.

Schließlich heiße ich die Vertreter der Medien herzlich willkommen, an deren Zusammenarbeit mir sehr gelegen ist, da wir vor allen Dingen durch ihre Berichterstattung in der Bevölkerung wahrgenommen werden.

Die Akademie dankt ihren im zurückliegenden Jahr verstorbenen Mitgliedern für alles, was sie zum Wohle dieser Institution geleistet haben und was sie als Persönlichkeiten darstellten. Wir werden sie nicht vergessen. Eine ausführliche Würdigung erscheint im jeweiligen Nachruf in den Jahrbüchern.

Ich danke Ihnen, dass Sie sich zu Ehren der Verstorbenen erhoben haben.

Die Kontinuität der Arbeiten in der Akademie wird durch die Zuwahl neuer Mitglieder gewährleistet. Auch in diesem Jahr wurden herausragende Persönlichkeiten aus dem Bereich der Wissenschaften und Literatur in unsere Akademie aufgenommen. Sie werden im Jahrbuch näher vorgestellt werden. Zusätzlich finden Sie Informationen über die Akademiemitglieder und deren fachliche Kompetenzen im so genannten Expert-Locator auf unserer Internetseite.

Ich freue mich auf die Zusammenarbeit mit Ihnen allen und hoffe, dass Sie sich in unserer Gemeinschaft wohl fühlen.

Meine Damen und Herren, bei einer Jahresfeier gilt es Bilanz zu ziehen. Eines der wichtigsten Anliegen der Akademie ist es meines Erachtens, Zukunftsfragen der Gesellschaft zu formulieren und interdisziplinär zu diskutieren. Wir haben in der öffentlichen Februarsitzung das Thema „Freiheit und Gleichheit in der Demokratie" behandelt.

Diese Diskussionsrunde wurde viel beachtet und im Fernsehen vollständig übertragen.

Zukunftsfragen der Gesellschaft

Interdisziplinäre Diskussion in der Februarsitzung der Akademie der Wissenschaften und der Literatur in Mainz
„Freiheit, die ich meine …", Freitag, den 17.02.2006
Thema: „Freiheit und Gleichheit in der Demokratie"

Podium: Prof. Dr. Lord Ralf Dahrendorf, Wissenschaftszentrum Berlin für Sozialforschung
Prof. Dr. Richard Hauser, Universität Frankfurt/Main
Prof. Dr. Dr. h.c. Hermann Lübbe, Universität Zürich
Prof. Dr. Dres. h.c. Michael Stolleis, MPI für Europäische Rechtsgeschichte, Frankfurt

---

Die Abbildung zeigt Lord Darendorf am Pult und von links nach rechts unsere Mitglieder Michael Stolleis, Helmut Hesse, Hermann Lübbe sowie Richard Hauser, Universität Frankfurt/M.

Im Laufe des Jahres fanden weitere Veranstaltungen zum Thema „Zukunftsfragen der Gesellschaft" statt, von denen ich exemplarisch drei herausgegriffen habe.

Symposien

- 10. / 11. März 2006: Symposion „Versorgungsforschung als Instrument zur Gesundheitssystementwicklung".
  Veranstalter: Bundesärztekammer (Prof. Fuchs) zusammen mit der Akademie
- 27. Mai 2006: Symposion „Horizonte" (Prof. Mutschler)
  Prof. Wahlster: „Künstliche Intelligenz – Möglichkeiten und Grenzen"
  Prof. Birbaumer: „Blick ins Gehirn – Licht ins Dunkel oder nur Nebelschwaden?"
  Prof. Kodalle: „Annäherungen an eine Philosophie des Verzeihens"
  Anne Duden: „Bild- und Grenzüberschreitungen bei Vittore Carpaccio"
  Dr. Wurm: „Horizonte bei Johann Sebastian Bach"
- 30. Juni / 01. Juli: „Medizingeschichte in Forschung und Lehre: Aktuelle Perspektiven" (Prof. Wittern-Sterzel)

Über das Symposion „Versorgungsforschung", das die Akademie zusammen mit der Bundesärztekammer in Mainz veranstaltet hat, wurde ausführlich im deutschen Ärzteblatt berichtet.

Gerade die bei diesen Veranstaltungen erörterten Fragen sind von brennendem Interesse für unsere Gesellschaft und sind daher vor allem geeignet, das Interesse einer breiteren Öffentlichkeit an den Arbeiten der Akademie zu wecken. Es muss uns darüber hinaus ein Anliegen sein, die Erörterung dieser Grundsatzprobleme der Gesellschaft, die in allen acht Akademien der Union sowie in der Leopoldina stattfindet, zu bündeln, wie es in der DAW vorgesehen ist, um damit auch eine stärkere Wahrnehmung durch die Politik zu gewährleisten.

An dieser Stelle möchte ich den Unionspräsidenten, Herrn Gottschalk und auch Ihnen, Graf Kielmansegg, für Ihre in diese Richtung gehenden Bemühungen danken. Auch wenn das Konzept der DAW in der letzten Sitzung noch nicht angenommen worden ist, so hoffe ich doch, dass Ihre Bemühungen bald zu einem positiven Abschluss kommen.

Ein weiteres wichtiges Anliegen aller Akademien ist die Förderung von begabten Nachwuchswissenschaftlern. In der Mainzer Akademie hat mein Vorgänger, Herr Zintzen, mit Unterstützung unseres Ministeriums vor über 10 Jahren schon die Colloquia Academica eingeführt. Auch in diesem Jahr hat die Akademie im Rahmen dieser Colloquia wieder jungen begabten Wissenschaftlern die Möglichkeit geboten, ihre Forschungsergebnisse in der Aprilsitzung mit den Akademiemitgliedern aller drei Klassen interdisziplinär zu diskutieren.

---

21. April 2006: Colloquia Academica, Akademievorträge junger Wissenschaftler

Preisträger:
a) Privatdozentin Dr. Myriam Winning (Materialkunde und Materialphysik)
   Vortrag: „Zum Design metallischer Werkstoffe"
b) Privatdozent Dr. Wolf-Friedrich Schäufele (Kirchen- und Dogmengeschichte)
   Vortrag: „Der Pessimismus des Mittelalters"

Die immer größer werdende Zahl der Bewerbungen um diese Colloquia zeigt die außerordentliche Bedeutung dieser Auszeichnung für die jungen Wissenschaftler. Ich kann hinzufügen, dass nahezu alle Ausgezeichneten inzwischen Professuren erhalten haben.

Meine Damen und Herren, es ist Ihnen allen bekannt, dass diese Art der Unterstützung junger begabter Wissenschaftler allein nicht ausreicht.

Daher möchte ich an dieser Stelle ganz herzlich allen denjenigen danken, die durch großzügige Geldzuwendungen die dringend erforderliche finanzielle Basis für die hier aufgeführten Projekte, Preise und Stipendien geschaffen haben.

Förderungen von Nachwuchswissenschaftlern

Walter und Sibylle Kalkhof-Rose-Stiftung
– Habilitationsstipendien

Walter-Kalkhof-Rose-Gedächtnispreis
– Vergabe zur Förderung des wissenschaftlichen Nachwuchses

Kurt-Ringger-Stiftung
– Stiftungszweck ist die Förderung der romanistischen Forschung
– Vergabe von Stipendien zu Zuschüssen

Förderpreis Biodiversität
– Vergabe an Nachwuchswissenschaftler, die eine herausragende Examensarbeit auf dem Gebiet der Biodiversitätsforschung vorgelegt haben.

Förderung der Literatur

Joseph-Breitbach-Preis; höchst dotierter deutscher Literaturpreis
– Vergabe für deutschsprachige Werke aller Literaturgattungen

Nossack-Akademiepreis
– Vergabe an Dichter für richtungsweisende literarische Arbeiten und deren kongenialschöpferische Übertragung

Erwin-Wickert-Stifung
– Vergabe von Stipendien und Zuschüssen für Publikationen, die als Arbeiten zu den als Stiftungszweck genannten Themen entstanden sind.

Rudolf-Meimberg-Preis
– Vergabe für herausragende in- oder ausländische Publikationen, in denen der Verantwortung des Menschen für sich und die Allgemeinheit in besonderer Weise Rechnung getragen wird, oder für Forschung im Bereich der griechisch-orientalischen Altertumskunde in Verbindung zur Kultur der Gegenwart sowie der Tradition des Humanismus und der Humanität.

Ich bitte ganz herzlich darum, auch in Zukunft junge Wissenschaftler, auf die wir so dringend angewiesen sind und die wir unbedingt in Deutschland halten müssen, großzügig zu unterstützen.

Bei einer Jahresbilanz ist schließlich noch hervorzuheben, dass sich unsere Akademie trotz ihrer Randlage in der Stadt offensichtlich einer immer größeren Beliebtheit als Kongress- und Veranstaltungsort erfreut. So haben im Jahr 2006 über 40 Veranstaltungen hier stattgefunden, von denen ich nur einzelne exemplarisch aufzeigen möchte.

Symposien im Veranstaltungsort Akademie der Wissenschaften und der Literatur	
26. Januar 2006:	Ausschuss für Wissenschaft, Weiterbildung, Forschung und Kultur des Landtags Rheinland-Pfalz mit Präsentation der Akademie und der Forschungsvorhaben
8. März 2006:	Tagung mit dem Verband der Angestelltenkrankenkassen (VDAK). Anwesend waren Ministerin Ulla Schmidt u. Ministerin Malu Dreyer
5. bis 7. Juli 2006:	Sitzung des Wissenschaftsrats. Anwesend war Minister Zöllner

Ein großer Teil dieser Veranstaltungen wurde von den hiesigen Ministerien durchgeführt. Sehr interessant für uns war auch die Veranstaltung mit dem Wissenschaftsausschuss des Landtages, weil wir bei dieser Gelegenheit unsere Akademie den Landtagsabgeordneten vorstellen durften. Die Mitglieder des Ausschusses nutzten anschließend die Gelegenheit, sich an Hand der Internetdarstellungen der Projekte und deren Publikationen näher über die Forschungsarbeiten zu informieren

Ausschuss für Wissenschaft, Weiterbildung, Forschung und Kultur des Landtags Rheinland-Pfalz mit Präsentation der Akademie und der Forschungsvorhaben (26. Januar 2006)

In diesem Zusammenhang möchte ich besonders Frau Klein und den übrigen Mitarbeitern ganz herzlich danken, die aufopferungsvoll zum guten Gelingen dieser Veranstaltungen entscheidend beigetragen haben.

Meine Damen und Herren. Natürlich bedarf eine fruchtbare wissenschaftliche Arbeit auch eines entsprechenden äußeren Rahmens. Bei der letzten Jahresfeier hatte ich Ihnen meine Vision für die Neugestaltung des bis dahin asphaltierten Innenhofes vorgestellt. Ich freue mich, Ihnen in diesem Jahr ein Foto der meiner Meinung nach sehr gut gelungenen Gartenanlage zeigen zu können.

Mein herzlicher Dank gilt in diesem Zusammenhang den Akademiemitgliedern sowie dem Verein der Freunde und Förderer, die durch ihre großzügigen Spenden die Umwandlung des Innenhofes in diesen „hortus academicus" ermöglicht haben. Die Skulptur ist eine Spende des Künstlers Minkewitz, dessen Bilder bei der letzten Jahresfeier ausgestellt waren. Sie sehen, die Realisierung hat meine Vorstellungen noch weit übertroffen.

Garten und Akademie gehören ja, wie Sie wissen, seit Platons Zeiten zusammen. Meine Vision für das nächste Jahr wäre, dass dieser Akademiegarten auch zu einem zentralen Treffpunkt junger Akademiker wird, die durch die „Colloquia Academica" und die verliehenen Preise schon heute an die Akademie gebunden sind. Gemeinsame Veranstaltungen mit diesen jungen Wissenschaftlern sowie mit ausgewählten Studenten könnten neue Impulse in die Akademiearbeit bringen, vor allem aber die Forschungsarbeiten der jungen Akademiker fördern und vielleicht dazu beitragen, sie in Deutschland zu halten. Ich bin überzeugt davon, dass sich mit Ihrer Hilfe auch dieser Traum verwirklichen lässt.

Die Hauptaufgabe im täglichen Leben der Akademie besteht nun allerdings nicht in der Veranstaltung von Symposien, sondern liegt in der Betreuung von wissenschaftlichen Langzeitprojekten, d.h. Projekten mit einer Laufzeit von über 12 Jahren.

Zurzeit betreuen wir 62 Projekte, deren Standorte über ganz Deutschland und sogar Österreich verteilt sind.

An dieser Stelle möchte ich unserem Generalsekretär, Herrn Dr. Geisler, und seinen Mitarbeitern für die erfolgreiche Arbeit bei der Betreuung und Verwaltung dieser Projekte danken.

Ich kann auf die 62 Projekte hier nicht eingehen. Herr Geisler hat mit seinen Mitarbeitern eine neue Homepage installiert, auf der Sie sich über die Projekte informieren können. Sie finden die Homepage unter „www.adwmainz.de".

Das Akademieprogramm ist eines der größten Forschungsprogramme im Bereich der geisteswissenschaftlichen Grundlagenforschung in Deutschland. Die Bund-Länder-Kommission (BLK) hat erfreulicherweise beschlossen, für das Programm im Jahr 2007 insgesamt 44,6 Millionen Euro bereitzustellen, das entspricht einer Steigerung um 3 % gegenüber dem Vorjahr. Dank dieser Steigerung können 2007 insgesamt zehn positiv evaluierte Forschungsprojekte im Umfang von 2,4 Millionen Euro neu aufgenommen werden.

Meines Erachtens reicht diese Summe aber bei weitem nicht aus, wenn – wie vom Wissenschaftsrat angeregt – wirklich innovative interdisziplinäre Forschungsvorhaben, auch zwischen Geistes- und Naturwissenschaften, sinnvoll durchgeführt werden sollen. Es ist mir deshalb ein ernstes Anliegen, nochmals darauf hinzuweisen, dass die Ansätze für die Förderung der Akademieprojekte noch deutlich zu gering sind.

Meine Damen und Herren, wir wollen uns aber auch aus eigener Kraft für die Geisteswissenschaften einsetzen. Wie Sie wissen, haben wir 2007 das Jahr der Geisteswissenschaften. Unsere Akademie hat zusammen mit der Johannes Gutenberg Universität Mainz, dem Römisch Germanischen Zentralmuseum Mainz und dem Institut für Europäische Geschichte in Mainz eine Veranstaltungsreihe mit dem Leitmotiv „Mythos Rhein" geplant, die in vielfältiger Art und Weise im nächsten Jahr vorgestellt werden soll.

Aktivitäten im Jahr der Geisteswissenschaften 2007
Leitmotiv: „Kulturelles Erbe und Erinnerungskulturen"/ „Mythos Rhein"

1. Auftaktveranstaltung:
   Podiumsdiskussion *„Mythos Rhein – Kulturraum, Grenzregion, Erinnerungsort"*
   Ort: Landtag, Mainz, Zeit: Dienstag, 12.6.2007

2. *„Mythos Rhein"* ernst und heiter – Kulturelles Gedächtnis in Dichtung und Musik
   Literarisch-musikalische Soirée
   Ort: Museum für antike Schifffahrt, Mainz, Zeit: Freitag, 15.6.2007

3. *„Wie man mittelalterliche Inschriften zum Sprechen bringt"*
   Geisteswissenschaftliche Exkursion an den Rhein
   Orte: Oberwesel, Bacharach, Zeit: Samstag, 16.6.2007

4. *„Die Geschichte liegt auf den Äckern"*
   Archäologische Feldbegehung im rechtsrheinischen Vorfeld von Mainz
   Ort: Raum Trebur, Zeit: Montag, 1.10.2007

5. *„Night of the Profs"* – Non-stop-Vortragsveranstaltung
   Ort: Staatstheater Mainz, Zeit: Mittwoch, 13.6.2007

Zum Abschluss meines Berichtes möchte ich Ihnen zwei wichtige Änderungen im Personalbereich vorstellen. Die geisteswissenschaftliche Klasse hat Herrn Gernot Wilhelm zum Vizepräsidenten in der Nachfolge von Herrn Hesse gewählt, die Klasse der Literatur Freiherrn von Schirnding in der Nachfolge von Walter Helmut Fritz. Bei dieser Gelegenheit möchte ich beiden Vorgängern im Amte für ihre langjährige Tätigkeit, die sie mit großem persönlichem Einsatz und Engagement ausgefüllt haben, danksagen und den Neugewählten weiterhin viel Erfolg bei ihrer wichtigen und verantwortungsvollen Tätigkeit wünschen.

Meine Damen und Herren, ich habe versucht, Ihnen einen Überblick über die wichtigsten Ereignisse und Aktivitäten der Akademie im letzten Jahr zu geben. Sie werden Verständnis dafür haben, dass ich Vieles wegen der Kürze der Zeit nicht zur Darstellung bringen konnte. Dennoch hoffe ich, dass Sie den Eindruck mit nach Hause nehmen werden, dass sich innerhalb der Akademie viel Positives ereignet hat, von dem es sich lohnt, es weiter zu fördern und auszugestalten.

Ich danke Ihnen.

Todesfälle

Es verstarben die Mitglieder

Werner Weber
Literatur
am 1. Dezember 2005

Gerhard Funke
Philosophie
am 22. Januar 2006

Herbert Oelschläger
Pharmazeutische Chemie
am 2. Juni 2006

Erich Loos
Romanische Philologie
am 2. Juli 2006

Walter Henn
Industriebau
am 13. August 2006

Sedat Alp
Hethitologie
am 9. Oktober 2006

Wido Hempel
Romanische Philologie und Vergleichende Literaturwissenschaft
am 7. November 2006

NACHRUF AUF WERNER WEBER

von

Hrn. Norbert Miller

Er war kein Mann der Stadt, auch wenn er sich leicht und sicher in den Metropolen zu bewegen wusste. Die ländliche Schweiz war für den im Aargau geborenen und in Winterthur aufgewachsenen Werner Weber immer das Gegengewicht zum wirtschaftlich eskalierenden, kulturell aufgeregten Zürich, in dem er über so viele Jahrzehnte eine bestimmende Rolle zu spielen hatte. Wanderungen ins Zürcher Oberland und die Ausflüge ins Gebirge hielten den Blick wach für die geformte Landschaft und für die eng herangerückte Physiognomie der ihm begegnenden Menschen. Die freundschaftliche, fast innige Nähe zu dem Maler und Schriftsteller Félix Vallotton hat da ihren Ursprung. Wie genau konnte er nicht dessen serene, aller menschlicher Leidenschaft und Einflussnahme entrückten Landschaften, mit welcher Intensität konnte er die Verstörung in den Gesichtern, in den Figuren und in den Gruppen aus Wahlverwandtschaft nachzeichnen! Auch die frühe Liebe zu Matthias Claudius, Johann Peter Hebel und zum Kritiker Theodor Fontane, der für ihn immer auch der Autor der „Wanderungen durch die Mark Brandenburg" blieb, ist Ausdruck jenes anderen, freieren und gar nicht idyllischen Blicks auf die Dinge der Welt. Und noch die Dissertation, 1945 an der Universität Zürich im Fach Sprachwissenschaft abgelegt, beschäftigte sich im Umfeld der Sprachatlas-Forschung mit der Terminologie des Weinbaus in der Nordost-Schweiz und im Bündner Rheintal.

Ein Jahr danach wurde der Winterthurer Gymnasiallehrer von Eduard Korrodi als Redakteur ins Feuilleton der „Neuen Zürcher Zeitung" geholt, in dem er sich durch seine kritischen Essays Ansehen erwarb. „Tagebuch eines Lesers" – die 1965 zuerst erschienene Sammlung seiner Aufsätze trifft im Titel genau die Haltung Werner Webers. Das Lesen bestimmte sein Leben. Nicht weil es sein Metier war, sondern weil es von Tag zu Tag die Ansichten und Einsichten veränderte, dem Aufmerksamen ungewohnte Tonfälle vorführte, im Unvertrauten das kritische Urteil herausforderte, den ruhigen Besitz in Frage stellte. Werner Weber waren die Methodendiskussionen der frühen Nachkriegszeit durchaus geläufig, nicht nur die an Einfluss stets zunehmende Lehre von den Grundbegriffen der Poetik, die das literarische Kunstwerk erstmals aus den Fängen der Geistesgeschichte freisetzte, sondern auch die vielfältigen, aus Frankreich und den angelsächsischen Sprachraum herüberdrängenden Strömungen. Die Unmittelbarkeit des ersten Leseeindrucks ließ er sich zeitlebens durch solche Überlegungen nicht zerstören. Er war kein präzeptoraler Großkritiker, kein Prophet einer künstlerischen oder literarischen Heilslehre. Wenn er als Kritiker zornig wurde, dann immer dort, wo er solchen Sektengeist am Werk vermutete. Ob Goethe oder Thomas Mann, ob Hans Magnus Enzensberger oder Alfred Andersch – mit immer geschärfterem Sensorium erschloss er sich und seinen Lesern den jeweils gelesenen Text, als hätte er eine fremde Insel entdeckt und müsste nun auf jede Besonderheit auch besonders achten.

Von 1951 bis 1973 leitete er dann das Feuilleton der NZZ, damals wie heute eine der ersten Adressen Europas, und war so zu einem der einflussreichsten Autoren des deutsch-

WERNER WEBER
1919–2005

sprachigen Raums geworden. Werner Weber war sich der Verantwortung auf dieser Stelle sehr genau bewusst. Anders als der brillante, aber auch scharfzüngig-polemische Eduard Korrodi, dem er nachfolgte und mit dem er stets befreundet blieb, lag ihm daran, seiner Leserschaft die Kontinuität der Dichtung und der Kunst, ihren Reichtum und ihre Zukunftsoffenheit sinnlich am Einzelbeispiel fassbar zu machen. Er zog Max Frisch und Friedrich Dürrenmatt in seinen Bannkreis, er ahnte früh die unbändige Einbildungs- und Sprachkraft Hugo Loetschers oder die bedrückt-bedrückende Erzählwelt Hermann Burgers. Noch für die seinem Temperament ferner stehenden Humoristen, Satiriker und Phantasten der darauf folgenden Generation hatte er, an der französischen Literatur geschult, eine bewegliche Aufmerksamkeit. In seinen eigenen Essays ließ er das weit über Europa verstreute Publikum, als wären es vertraute Freunde, an seinen Entdeckungen und Wiederentdeckungen, an seinen Erlebnissen und Wanderungen teilhaben. Jeden Samstag äußerte er sich zu aktuellen Fragen der Schweizer Literatur, zu künstlerischen Tages-Ereignissen, zu seismographisch aufgefassten Reiseeindrücken. Eine Gedichtzeile von Johann Peter Hebel oder ein scheinbar beiläufiges Blatt von Robert Walser wurde oft zum Anlass, dem Geheimnis des Poetischen auf die Spur zu kommen. Das Zitat, das Detail einer Zeichnung, ein bloße Anekdote war denn auch meist Ausgangspunkt für sein Nachdenken, das den Leser jedoch immer in der Anschauung festzuhalten vermochte. Er sprach über die schwierigsten, heikelsten Themen mit jener kolloquialen Leichtigkeit, die er an Lessing und Lichtenberg, an den Frühromantikern, vor allem aber an Theodor Fontane so sehr bewunderte. Wenn er gar einen seiner Leser, die er sich beim Schreiben als Freunde vor Augen stellte, leibhaftig vor sich hatte wie Friedhelm Kemp, dann konnte das Gespräch die Länge und Tiefe der europäischen Literatur ausloten und über viele Stunden hinweg die römischen Elegien und ihre Wiederherstellung durch Goethe, die Memoiren des Herzogs von Saint-Simon und Marcel Proust, die politische Haltung Rudolf Borchardts und André Gides nach 1918 oder die Möglichkeiten religiöser Lyrik bei Konrad Weiss in buntem Wechsel abhandeln. Die geistige Prägung war, wie das sich bei einem gebildeten Schweizer ja versteht, eine französische. Pariser Begegnungen, die Mitwirkung in literarischen Auswahlgremien, langjährige Freundschaften mit Autoren hatten ihn nicht nur zu einem intimen Kenner der Kunst- und Literaturszene gemacht, sondern zu einem idealen Vermittler zwischen zwei so verwandten wie gegensätzlichen Traditionen. Auf einem seiner letzten Vorträge an der Mainzer Akademie hat er unter dem Titel: „Wo denn soll ich Wurzeln fassen?" über solche das Leben bestimmende Erlebnisse in Paris berichtet und daraus auf unvergleichliche Weise die Fäden in das eigene, in das Schreiben allgemein gezogen.

1973 wechselte Werner Weber als Hochschullehrer an die Zürcher Universität und lehrte dort bis 1987. Der von seinem Lehrer und Freund Emil Staiger ausgelöste Zürcher Literaturstreit 1967 hatte den Kritiker, der auch bei seinen strengsten Kunsturteilen die Polemik vermieden hatte, einer aufgewühlten, ins Maßlose des Parteienzwists abgedrifteten Situation gegenübergestellt. Umsonst hatte er der abwägenden Vernunft das Wort geredet und war zwischen alle Fronten geraten. Da sich der Streit im Zeitbewusstsein bald mit den studentischen Unruhen verband, da unter den veränderten Denkvoraussetzungen eine am einzelnen Kunstwerk, am einzelnen Dichterwort haftende Sehweise bei der Wissenschaft wie der Kritik ideologisch in Verruf geraten war, dauerte es auch in Zürich lange, ehe Werner Webers ruhige, gleichbleibend sachliche und immer von wohlwollendem Humor getragene Stimme wieder durchdringen konnte. Er hat auch in diesen schwierigen Zeiten den bürgerlichen Einsatz für das Gemeinwesen, dem er angehörte, nie aus dem Auge verloren. Er hat sich keiner öffentlichen Aufgabe verweigert und zum Beispiel zwischen 1980 und 1992 als Verwaltungsratspräsident der Neuen Schauspiel AG vorgestanden. Daneben entstanden Anthologien und Editionen von Werken oder Autoren, die seinem Temperament und seinem Empfinden nahe waren: „Der Wandsbecker Bote", das „Schatzkästlein des rheinischen Hausfreundes", spät noch die Meistererzählungen Hermann Hesses bei Manesse, andere Sammlungen bei Suhrkamp, im Artemis-Verlag und bei dtv. Nur in strenger Auswahl ließ Werner Weber in regelmäßigen Abständen Sammlungen seiner eigenen Essays erscheinen: „Figuren und Fahrten" (1956), „Zeit ohne Zeit (1959), „Tagebuch eines Lesers" (1966), „Forderungen" (1970) etc. 1956 wurde der Schriftsteller mit dem Conrad-Ferdinand-Meyer-Preis ausgezeichnet, 1967 verlieh ihm die Darmstädter Akademie für Sprache und Dichtung den Johann-Heinrich-Merck-Preis. 1980 folgte in Weimar die Verleihung des Goethe-Preises. Ein letztes großes Werk galt Félix Vallotton. In dieser eindringlichen, zugleich vor weitestem Hintergrund aufgefassten Monographie hat Werner Weber an den großartigen Landschaften und Porträts, an den nicht leicht zugänglichen Erzählungen des Malers ein verschlüsseltes Bekenntnisbuch über sich, seine Wahrnehmung der Dinge, seine Ansichten und Hoffnungen gegeben, das jedoch nichts mit einer aus später Distanz gegebenen Rückschau zu tun hat. Bis zuletzt blieb Werner Weber die Spannkraft erhalten. Ich erinnere mich noch sehr gut, wie er vor wenigen Jahren während der Lavater-Ausstellung in Zürich jünglingshaft auf das Podium sprang. Und noch im Jahr seines Todes nahm er bei öffentlichen Veranstaltungen so energisch wie liebenswürdig an der Diskussion teil. An der Mainzer Akademie der Wissenschaften und der Literatur, der er seit 1965 als korrespondierendes Mitglied angehörte, hielt er noch in den letzten Jahren Vorträge über Gottfried Keller im Urteil Theodor Fontanes, über die französische Literatur nach dem Zweiten Weltkrieg und über Félix Vallotton. Die Literaturklasse hat in ihm einen ihrer wichtigsten und treuesten Vertreter verloren.

NACHRUF AUF GERHARD FUNKE

von

Hrn. Klaus-Michael Kodalle

Am 22. Januar 2006 verstarb in Eutin Gerhard Funke, ord. Mitglied unserer Akademie seit 1977, Mitglied der Österreichischen Akademie der Wissenschaften seit 1989.

Bernhard Otto Gerhard Funke wurde am 21. Mai 1914 in Leopoldshall (heute: Stassfurth, Anhalt) geboren. Zur Schule ging Funke in Dessau (Anhalt). Die Theater- und Bauhausstadt Dessau mit ihrem künstlerischen Flair prägte den Heranwachsenden. 1934 nahm Funke das Studium der Philosophie, Psychologie, Geschichte, Germanistik und Romanistik an der Universität Bonn auf, es folgten Studienabschnitte in Freiburg und Jena. Der Mann, der so nachhaltig Einfluss auf die Kant-Forschung nehmen sollte, hatte

GERHARD FUNKE
1914–2006

eigentlich schon immer das Kantische Königsberg und das Herdersche Riga im Blick. Die einzelnen Studienentscheidungen indessen waren selbstverständlich abhängig von der Anziehungskraft bestimmter akademischer Lehrer: Nach Bonn ging Funke, um Erich Rothhacker zu hören, nach Freiburg, um bei Martin Heidegger zu studieren, und nach Jena, um sich von Bruno Bauch anregen zu lassen. Geistesgeschichte, Phänomenologische Ontologie und Transzendentalphilosophie waren die Arbeitsgebiete, in denen der junge Gelehrte nach Orientierung suchte und in denen er sich auch in seinem späteren akademischen Leben bewähren sollte.

In der Bonner Zeit waren neben Rothacker auch Ernst Robert Curtius, Fritz Kern und Heinrich Lützeler wichtige Bezugspersonen. In Jena stand das Kant-Studium im Mittelpunkt. In Freiburg galt es, sich auf die Phänomenologie einzulassen. Bedenkt man, wie intensiv Funke später diese Impulse verarbeitet hat, kann man nachvollziehen, wie betrüblich es für ihn gewesen ist, Edmund Husserl nicht mehr begegnet zu sein.

1938 wurde Funke in Bonn mit einer Arbeit über den Möglichkeitsbegriff im System von Leibnitz promoviert. Bald darauf ging er auf das Angebot der französischen Kulturbehörde ein, das Deutsche Lektorat an der Sorbonne zu übernehmen – mit einem Lehrauftrag für Philosophie und Geistesgeschichte an der *Ecole Normale Superieure*. In seiner Pariser Zeit lernte er Merleau-Ponty kennen und über ihn wiederum Simone Weil und Jean-Paul Sartre.

Schon von Rothacker stammte die Anregung, dem in Deutschland wenig bekannten Philosophen und Politiker Maine de Biran eine gründliche Studie zu widmen. Während des Frankreichaufenthaltes wurde Funke in dieser Absicht bestärkt. Die Ergebnisse seiner Arbeit wurden 1947 in Bonn als Habilitationsschrift angenommen („Maine de Biran. Philosophisches und politisches Denken zwischen Ancien Régime und Bürgerkönigtum in Frankreich"). – Die wenigen Jahre in Paris waren für Funke von prägender Bedeutung. Bei Kriegsausbruch 1939 musste er Frankreich verlassen. Es erfüllte ihn mit Genugtuung, dass er als hoch angesehener Akademiker noch einmal an seine Zeit in Frankreich anknüpfen konnte: 1984 wurde er nach Paris an das *Collège de France* eingeladen.

1939 ging Funke als Lektor nach Pamplona und Santander. Mit großer Intensität ließ er sich nun auf die spanische Geistesgeschichte ein. Die Verbindung nach Spanien und in die spanisch sprechende Welt brach nicht mehr ab. Zahlreiche Einladungen seit Beginn der fünfziger Jahre (nach Peru, Bolivien, Puerto Rico, Venezuela, Argentinien) zeugen davon. Eine ganze Reihe von Veröffentlichungen in spanischer Sprache ebenso wie die ihm zuteil werdenden Ehrungen und Auszeichnungen – wie 1987 die Aufnahme in die *Real Academia de Sciencias Politicas y Sociales Madrid* – belegen diese Facette von Gerhard Funkes Wirken.

Nach Kriegsende (Funke hatte als Offizier in Afrika und Nordfrankreich gedient und wurde mehrfach verwundet) setzte er seine wissenschaftliche Tätigkeit als Privatdozent in Bonn fort. Er engagierte sich in der akademischen Selbstverwaltung und in der Standesorganisation der Hochschullehrer (Hochschulverband), war Mitglied des Senats, ja er leitete zeitweise das akademischen Auslandsamt.

In dieser Zeit folgte Funke einer Einladung des State Department zu einem USA-Aufenthalt. Ähnliche Einladungen folgten. 1977 übernahm er die Theodor-Heuss-Professur an der New Yorker *New School for Social Research*. Die engen Beziehungen zu angesehenen amerikanischen Fachkollegen (vor allem aus der Kant-Forschung) sind in dieser Zeit entwickelt und von Funke kontinuierlich gepflegt worden.

1958 erhielt Funke einen Ruf auf eine Professur in Saarbrücken. Der Abschied von Bonn fiel mit Rothackers 70. Geburtstag zusammen. Die Festschrift „Konkrete Vernunft" war noch in Verantwortung Funkes entstanden. Die Tätigkeit in Saarbrücken währte nur kurz. Schon 1959 nahm Funke einen Ruf nach Mainz an, wo er als Dekan (1964) und Rektor (1965–1966) amtierte und bis 1980 Mitglied des Senats blieb.

Mit Gottfried Martin, dessen Lehrstuhl er übernommen hatte, blieb er bis zu dessen Tod durch die gemeinsame Arbeit in der 1969 neu gegründeten Kant-Gesellschaft und an den seit 1954 wieder erscheinenden Kant-Studien eng verbunden. Einen Ruf nach Bonn lehnte Funke 1969 ab – und erreichte im Gegenzug die Einrichtung einer Kant-Forschungsstelle in Mainz. In Zusammenarbeit mit Rudolf Malter betrieb er weiter die Herausgabe der *Kant-Studien* bzw. der *Kant-Studien-Ergänzungshefte*. 1972 übernahm er den Vorsitz der Kant-Gesellschaft. Mehrere große internationale Kant-Kongresse fanden unter seiner Leitung statt.

Mit Klaus Hammacher und Reinhard Lauth gab er die „Studien zur transzendentalen Philosophie" bei Meiner heraus. Im Bouvier-Verlag verantwortete er Reihen wie „Mainzer philosophische Forschungen", bei Olms die „Studien und Materialien zur Geschichte der Philosophie".

Der *uomo universale* pflegte, wie bereits erwähnt, vielfältige auswärtige Beziehungen. So lag ihm z.B, die Verbindung zu japanischen Universitäten am Herzen; Arbeiten zu Kant, Husserl, Heidegger und zur Hermeneutik wurden ins Japanische übersetzt. Die weltweite akademische Ausstrahlung reichte bis nach Indien und China! Funke wurde zu Vorlesungen an verschiedene bedeutende Universitäten Indiens eingeladen. Anfang der achtziger Jahre konkretisierten sich auch die Kontakte mit China. Waren zunächst einige Kollegen aus Peking in Mainz zu Gast, so nahm Funke 1981 die Einladung zu Vorträgen in Peking und Shanghai an. 1987 folgte eine größere Vortragsreise. Funke erkannte die Chance, die durch die Kulturrevolution zerstörten Verbindungen wieder neu zu knüpfen. Beratend wirkte Funke auch bei der Erstellung einer neuen chinesischen Kant-Ausgabe mit. Er fungierte zudem als Mitherausgeber der in Peking erscheinenden chinesischen Zeitschrift für Deutsche Philosophie. Die Vorgänge im Sommer 1989 auf dem Platz des Himmlischen Friedens bedeuteten für diese Aktivitäten einen erheblichen Einbruch.

Auch an Universitäten in Israel oder Südafrika hieß man Gerhard Funke als Vortragenden willkommen.

1955 war Funke in Brüssel in die *Société Européenne de Culture* aufgenommen worden, als deren Vizepräsident er seit 1965 amtierte. Vermittelt über diese Institution reiste Funke auch zu Vorträgen nach Moskau, Leningrad, Tiflis.

1981 nahm Funke in Riga an einer Gedenkveranstaltung *200 Jahre Kritik der reinen Vernunft* teil. Auch sein lang gehegter Wunsch, endlich einmal Königsberg aufzusuchen, ging 1994 in Erfüllung: Für die 500-Jahr-Feier der „Albertina" gewann man ihn als Festredner.

Von den vielen Reden, die Funke mit Blick auf eine breitere akademische Öffentlichkeit gehalten hat, war ihm selbst die Rektoratsrede Mainz 1965 besonders wichtig:

„Beantwortung der Frage, welchen Gegenstand die Philosophie habe oder ob sie gegenstandslos sei". Auch die Festrede Mainz 1974 „Kants Stichworte für unsere Aufgabe: Disziplinieren. Kultivieren. Zivilisieren. Moralisieren" hatte besonderes Gewicht.

Die beschriebene weltbürgerliche Ausstrahlung einer Forscherpersönlichkeit – auf welchen philosophischen „Fixpunkten" oder Denkkonstellationen beruhte sie? Welches waren näher betrachtet die thematischen Arbeitsschwerpunkte? Innerhalb des Nachkriegsszenarios der Philosophenschulen war Funke jedenfalls eher ein hochrespektierter Einzelgänger, der allerdings erstaunlich viele Schüler aus Deutschland und der ganzen Welt mit seinen wegweisenden Interpretationsansätzen zu inspirieren wusste. Die unterschiedliche Profilierung seiner Schüler in Deutschland – u. a. Karl-Otto Apel, Thomas Seebohm, Ernst Wolfgang Orth, Alexius Bucher, Bernd Dörflinger – bezeugt, dass Funke als Lehrer keine geistige Gleichschaltung betrieb, sondern die individuelle Kreativität philosophischen Denkens zu fördern wusste.

Funke widmete sich immer wieder der Geschichte der Philosophie und der Begriffsgeschichte, der Hermeneutik, Ästhetik und Historik. Des Weiteren fanden Schriften zur Phänomenologie und transzendentalen Phänomenologie, insbesondere zu Edmund Husserl, zu Kant und zur Bewusstseinstheorie, sowie zur praktischen Philosophie (einschließlich der Rechts- und Staatstheorie) und zu Fragen der Pädagogik beachtliche Resonanz in der *scientific community*. Zentral war für Funke immer die Philosophie der Aufklärung, ihre Vorgeschichte in der Philosophie der Neuzeit und ihr Weiterwirken im 19. Jahrhundert. Charakteristisch für die philosophiehistorischen Schriften Funkes ist die philologisch-historisch strenge Arbeit am Text. Historische Analyse und systematischer Anspruch sind bei ihm eng verflochten.

Funkes Schüler und Nachfolger in Mainz, Thomas Seebohm, sprach gelegentlich von dem ‚kantigen Charakter' der Schriften Funkes, der nicht davor zurückgeschreckt sei, sich „quer zur Zeit" zu legen. Er wollte vernehmlich machen, was der Zeitgeist durch Verschweigen negiert. Um Funkes Denkweg zu rekonstruieren, müsste man eben auch die Spannungen und Gegensätze in den Blick nehmen, aus denen dieses Werk lebt. In dieser Hinsicht war aufschlussreich, wie Funke sich mit den Grundlagen der sog. „Achtundsechziger"-Bewegung in seiner Abhandlung über „Gutes Gewissen, falsches Bewusstsein und richtende Vernunft" (1971) auseinandersetzte – teilweise durchaus in leidenschaftlicher Polemik.

Aus Funkes Studien zur Begriffsgeschichte ragt die Erich Rothacker gewidmete Untersuchung über „Gewohnheit" (1958) heraus. Eindringlich hat Funke dem Problem der Gewohnheit in seinen Überlegungen zur *konkreten* Vernunft auch in systematischer Hinsicht Gewicht verliehen. Es ist die Gewohnheit, auf die eine nicht-abstrakte Vernunft Rücksicht zu nehmen hat. Im Kontext der Durchdringung des Sinns von Gewohnheit war auch das Problem der kritischen Aneignung von *Tradition* abzuhandeln. Schließlich bestehe ja die Aufgabe konkreter Vernunft nicht zuletzt darin, Gewohnheit zu transformieren. Gegenüber der Vermutung, eine solche Akzentsetzung sei Kant-fern und eher an Aristoteles orientiert, ließe sich auf die wichtige Stellung des Begriffs „Charakter" bei Kant verweisen. Man wird das Subjekt, das nach von Kant freigelegten, am kategorischen Imperativ ausgerichteten Maximen handeln soll, nicht angemessen erfassen, wenn man dem Konzept des Charakters, der *Habitus*-Bildung, nicht gründliche Aufmerksamkeit widerfahren lässt. Funke jedenfalls war überzeugt, dass ohne diese anthropologische Reflexion und ohne eine eindringliche Analyse der Handlungs*situation* die kantische Ethik in ihrer Anwendungsdimension verfehlt würde.

Zur Klärung von Fundamentalfragen in Ethik und Politik muss man sich demnach – so Funkes Akzentsetzung – der Frage nach dem Menschen zuwenden; Funke richtete die Aufmerksamkeit auf die Anthropologie, indem er über die Konstellation von *disziplinieren, kultivieren, zivilisieren und moralisieren* nachdachte. Zwar hat er auch Prinzipienreflexion in der Ethik betrieben, aber er hat diese so ausgerichtet, dass sich Anwendung geradezu aufdrängte, Anwendung auf konkrete Situationen. Schriften zu ethischen Problemen in Medizin, Technik und Wirtschaft geben von dieser Ausrichtung der Fragestellung Zeugnis. Die Frage nach der Aktualität Kants angesichts bedrängender Fragen der Gegenwart trieb Funke um – aber für ihn bedeutete das nicht einfach einen simplen Rückgriff auf historisch bewährte Bestände; vielmehr forschte er nach einem Kant, der für Gegenwart und Zukunft Orientierung böte (vgl. den Band „Von der Aktualität Kants", 1979).

Der neu formulierte transzendentale Idealismus Funkes fand seinen Niederschlag in Büchern wie „Zur transzendentalen Phänomenologie" (1957) und „Phänomenologie – Metaphysik oder Methode?" (1966). Wie Husserl hier erschlossen wurde – das brachte Funke in Gegensatz zur gängigen, nicht zuletzt von Heidegger geprägten Lehrmeinung. In der prinzipiellen Reflexion auf das Wesen der Philosophie verschärfte er die kantische Kritik der Metaphysik und wandte sich gegen Versuche, Kant metaphysisch auszulegen, indem man z.B. die Aufmerksamkeit zu stark auf die übersinnliche Welt des *An sich* hinter der Welt der Phänomene fokussierte. Funke plädierte für eine skeptische Einstellung und wandte sich gegen jede Art von Philosophie, die einen absoluten Standpunkt beansprucht. Er wollte die Philosophie streng methodisch als Auslegung von Sinn-Einheiten und Sinn-Ansprüchen verstanden wissen. In den Verstehensprozessen ist die historisch bedingte Vorläufigkeit des jeweils eigenen Anlaufs einzugestehen. Anders gesagt: Gegenüber allen Anstrengungen, Absolutheitsansprüche zur Geltung zu bringen, und sei es in Gestalt von Formen einer schwachen Metaphysik, betonte er, dass die Hypothesen, mit deren Hilfe wir Sachverhalte besser verstehen können, allein legitimiert sind durch ihr Erklärungspotential, welches wiederum nur innerhalb bestimmter historischer Konstellationen „spricht". In anderen Situationen des geschichtlichen Prozesses können sich deshalb auch andere Hypothesen in den Vordergrund schieben. Vor diesem Hintergrund wird das Urteil eines seiner Schüler (Th. Seebohm) nachvollziehbar, der Funke „als Philosophen iterierender Grundlagenforschung in kantischer Tradition" sah, dessen Philosophieren eine in immer tiefere Schichten vordringende Reflexion sei, die mit jedem Schritt eine Herausforderung an die Mit- und Gegendenkenden ist.[1]

---

1 Dankbar habe ich mich in meinem Nachruf auf „Bemerkungen" aus der Feder Thomas M. Seebohms gestützt: Bemerkungen zu einem Schriftenverzeichnis, in: Perspektiven transzendentaler Reflexion. Festschrift Gerhard Funke zum 75. Geburtstag, hrsg. v. Gisela Müller und Thomas M. Seebohm, Bonn 1989, S. 205–219. – Hingewiesen sei hier auch auf die Publikation „BEWUSST SEIN". Festschrift, Gerhard Funke zu eigen, hrsg. v. A. J. Bucher, H. Drüe, Th. M. Seebohm, Bonn 1974.

Wer in dieser Weise aus innerster philosophischer Überzeugung die Relativität des Erkennens betont, darf nicht verbissen sein; nur mit Humor und einer Portion Selbstironie lassen sich die augenblicklich unaufhebbaren Antagonismen (auch zwischen Philosophen ...) aushalten. Gerhard Funke hat als *Nonnescius nemo* ein über 300 Seiten umfassendes „bestiarium philosophicum" (1976) hinterlassen.

NACHRUF AUF HERBERT OELSCHLÄGER

von

Hrn. Ernst Mutschler

Kurz nach seinem 85. Geburtstag ist Herbert Oelschläger nach langer, mit bewundernswerter Tapferkeit und Gelassenheit ertragener Krankheit von uns gegangen.

Am 18. Mai 1921 wurde er in Bremen geboren. Zeitlebens erfüllte es ihn mit Stolz, dass er einer alten Bremer Kaufmannsfamilie entstammte. In Bremen besuchte er auch das Olbers-Gymnasium, dem er, wie er sagte, viel verdankte. Nach dem Reichsarbeitsdienst studierte er Chemie und Physik an der Bergakademie in Clausthal, bis er 1940 zum Wehrdienst einberufen wurde. Wie stark ihn die Kriegserlebnisse als Offizier bei der Flakartillerie geprägt haben, kann wohl nur der ermessen, der wie er die Schrecken des Kriegs selbst erlebt hat. Nach Entlassung aus englischer Gefangenschaft entschloss er sich für den Apothekerberuf, absolvierte die damals noch obligate Praktikantenzeit in der Sonnenapotheke in Bremen und begann danach das Pharmaziestudium an der Universität Hamburg. Dort lernte er auch seine Frau Inge kennen, Zentrum und fester Halt für ihn und seine drei Töchter. 1949 erhielt er die Approbation als Apotheker und fertigte anschließend – ebenfalls in Hamburg – unter der Leitung von Professor Dr. Karl Kindler eine synthetisch-mikrobiologische Dissertation über neue bakterizid wirkende Phenol-Derivate an. Professor Kindler wurde für ihn nicht nur der entscheidende akademische Lehrer, sondern der Doktor-Vater im eigentlichen Wortsinn. Der Promotion 1952 folgte die Anfertigung einer Habilitationsschrift über „Neue Amidine und eine neue Klasse von Aminoäthern mit lokalanästhetischer Wirkung", ein Forschungsgebiet, das ihn zeitlebens faszinierte und nicht zuletzt zur Entwicklung des Lokalanästhetikums Fomocain führte. Im Anschluss an die 1957 erfolgte Habilitation war Herbert Oelschläger zwei Jahre kommissarischer Leiter des Hamburger Instituts für Pharmazeutische Chemie, danach arbeitete er bis zu dem Ruf nach Frankfurt (1963) bei dem Nobelpreisträger Professor Dr. Jaroslav Heyrovský in Prag über elektroanalytische (polarographische) Probleme. Zweifellos war dieser Auslandsaufenthalt für den jungen Privatdozenten ein weiterer Glücksfall, legte er doch den Grundstein für sein zweites wichtiges Forschungsgebiet, die pharmazeutische Analytik (einschließlich Pharmakokinetik).

Nach der Ernennung zum Direktor des Pharmazeutischen Instituts der Universität Frankfurt/Main sah es Herbert Oelschläger als seine zentrale Aufgabe an, die pharmazeutische Ausbildung nicht nur den modernen Anforderungen anzupassen, sondern auch den angehenden Pharmazeuten zu umfassenden, nicht nur pharmazeutisch-chemischen Kenntnissen über die Arzneimittel zu verhelfen, sie für ihren Beruf zu begeistern. Seinen

HERBERT OELSCHLÄGER
1921–2006

zahlreichen Schülern (Doktoranden, Habilitanden) eröffnete er neue Perspektiven der pharmazeutischen Forschung, auch förderte und unterstützte er sie, wenn sie sich entschlossen, über klassische chemisch-synthetische Forschungsvorhaben hinaus neue Tätigkeitsfelder zu erschließen.

Insgesamt war Herbert Oelschläger mehr als ein Vierteljahrhundert an der Universität Frankfurt tätig, als Ordinarius für Pharmazeutische Chemie, als Dekan, als Mitglied des Haushaltsausschusses und des Konvents, und er hatte damit wesentlichen Anteil an der positiven Entwicklung nicht nur der Frankfurter Pharmazie, sondern der Frankfurter Universität insgesamt.

Sein Leitspruch „Ich diene" erhielt eine besondere Bedeutung, als er sich nach seiner Emeritierung der schwierigen und arbeitsintensiven Aufgabe unterzog, das Institut für Pharmazie an der Friedrich-Schiller-Universität Jena wieder aufzubauen. Wenn heute das Jenaer Institut seinen festen Platz unter den deutschen pharmazeutischen Instituten einnimmt, ist es vorrangig sein Verdienst.

Versucht man, das Besondere des wissenschaftlichen Œuvre von Herbert Oelschläger zu beschreiben, so ist es das Wagnis und später die Realisierung, sein wissenschaftliches Fach, die pharmazeutische Chemie, aus der babylonischen Gefangenschaft der reinen organischen Chemie befreit, seinem Fach eine neue Richtung gewiesen zu haben. Er war einer der Ersten, wenn nicht der Erste in Deutschland, der die pharmazeutische Chemie hin zur medizinischen Chemie und zu dem, was man heute mit dem Terminus Biopharmazie umschreiben kann, öffnete. Der ausgetretene Pfade verließ und es wagte, Neuland zu betreten.

Weit über die universitären Verpflichtungen hinaus setzte sich Herbert Oelschläger auch in hohem Maße für die Pharmazie als Ganzes ein. Durch seine langjährige Tätigkeit als Mitglied des Wissenschaftlichen Beirats der Bundesapothekerkammer sowie als Vorsitzender der Akademie für pharmazeutische Fortbildung der Landesapothekerkammer Hessen beeinflusste er maßgeblich die pharmazeutische Fort- und Weiterbildung. Und als Präsident der Deutschen Pharmazeutischen Gesellschaft gelang ihm die Schaffung von Fachgruppen sowie einer modernen Satzung der Gesellschaft, auch erreichte er die Direktwahl des Präsidenten durch die Mitglieder. Nicht unerwähnt bleiben darf ferner seine über 20-jährige Mitgliedschaft im Wehrmedizinischen Beirat der Bundeswehr.

Bei einem so bedeutsamen Lebenswerk konnten Ehrungen nicht ausbleiben. Beispielhaft seien genannt: das große Verdienstkreuz des Verdienstordens der Bundesrepublik Deutschland und der Verdienstorden des Landes Thüringen, die Ehrendoktorate der Universitäten Regensburg, Bratislava, Budapest und Jena, die Carl-Mannich-Medaille der Deutschen Pharmazeutischen Gesellschaft und die Jaroslav-Heyrovský-Medaille der Tschechoslowakischen Akademie der Wissenschaften sowie Ehrenmitgliedschaften von acht internationalen Gesellschaften.

Doch in der Stunde des Abschieds zählt mehr als alles andere der Mensch. Der Mensch Herbert Oelschläger. Es ist etwas Besonderes, wenn aus dem Kollegen der Freund wurde, wenn Wahlverwandtschaft immer stärker Gestalt gewann. Viele Erinnerungen werden wach, besonders auch Erinnerungen an gemeinsame Stunden ohne Diskussionen über Forschung, Hochschul- oder Gesundheitspolitik, dafür aber über den Sinn des Lebens, über die Frage nach dem Ursprung der Welt, Erinnerungen an Stunden des reinen geselligen Beisammenseins, bei denen das dem Hanseaten adäquate Pflichtbewusstsein auch einmal der Muse weichen durfte. So trauern wir zugleich um einen großen Wissenschaftler und um einen Freund. Wir werden seinen Rat, seinen wissenschaftlichen klaren Blick, sein konstruktives Miteinander und seine Freundschaft schmerzlich vermissen.

NACHRUF AUF ERICH LOOS

von

Hrn. Max Pfister

Am 2. Juli 2006 verstarb Erich Loos im Alter von 93 Jahren. Er war von 1960 bis zu seiner Emeritierung 1978 Inhaber eines Lehrstuhls für Romanische Philologie an der Freien Universität Berlin und ein profilierter Vertreter seines Faches. Am 4. September 1913 in Wetzlar/Lahn geboren, musste er 1933 sein begonnenes Studium der Mathematik und Philosophie in Köln aus politischen Gründen abbrechen. Die Fortsetzung seiner Studien war erst 1938/39 in seiner Heimatstadt Köln und in Jena möglich und musste bald wieder wegen eines fünfjährigen Heeresdienstes unterbrochen werden. Erst im Jahre 1949 konnte dieses Studium mit der romanistischen Promotion über Charles Pinot Duclos als Moralist und Gesellschaftskritiker des 18. Jahrhunderts und seine Bedeutung für den Stand der ‚Gens de lettres' abgeschlossen werden. Mit seinem verehrten Lehrer Fritz Schalk war Erich Loos bis zu dessen Tod wissenschaftlich und persönlich verbunden. Nach einem für seine späteren Interessen entscheidenden Forschungsjahr am Londoner Warburg-Institut habilitierte sich Erich Loos 1954 mit einer grundlegenden Studie über Baldassare Castiglione. Durch seine Mitarbeit beim Aufbau des als Forschungsstätte bedeutenden Petrarca-Instituts in Köln verlagerten sich seine Fachinteressen, die zunächst stärker den Problemen der französischen Aufklärung des 18. Jahrhunderts galten, in die Zeit des Humanismus und der Renaissance und vereinigten sich zuletzt immer mehr mit der geistigen Welt Petrarcas und Dantes.

Berlin war seit 1960 zu seiner Heimat geworden. Er blieb der Freien Universität treu und lehnte ehrenvolle Rufe an die Universitäten Frankfurt/Main, Bonn und München ab. Nicht nur durch seine Lehr- und Forschungstätigkeit, sondern auch als engagierter Institutsleiter und Dekan der Philosophischen Fakultät in der Zeit der akutesten Bedrohung, dann auch als Vorsitzender des Fakultätentages war der Verstorbene immer bemüht, die Freie Universität Berlin gegen zerstörerische Kräfte zu verteidigen. Die Schwerpunkte des Schaffens von Erich Loos werden auch im Titel seiner beiden ihm gewidmeten Festschriften zum 70. und zum 80. Geburtstag sichtbar: *Italien und die Romania in Humanismus und Renaissance* (Herausgeber: K.W. Hempfer und E. Straub, Steiner-Verlag, Wiesbaden, 1983) und *Come l'uom s'etterna, Beiträge zur Literatur-, Sprach- und Kunstgeschichte Italiens und der Romania* (Herausgeber: Giuliano Staccioli und Irmgard Osols-Wehden, Berlin, BMV Berliner Wissenschaftsverlag GmbH, 1994). Seit der Gründung der Berliner Renaissance-Gesellschaft im Jahr 1991 war er Mitglied dessen wissenschaftlichen Beirates und hatte sich in besonderem Maße um die Verwirk-

ERICH LOOS
1913–2006

lichung von Plänen, Vorträgen und Kolloquien dieser Gesellschaft verdient gemacht, z.B. beim Internationalen Symposium „Lorenzo il Magnifico und die Kultur in Florenz des 15. Jahrhunderts."

Eine Übersicht der Veröffentlichungen von Erich Loos bis 1993 findet sich in den beiden Festschriften zum 70. und 80. Geburtstag.

Die Liste seiner Publikationen zeigt, dass sein vorrangiges Interesse den Werken Dantes, Petrarcas, Montaignes und anderer großer Autoren der Renaissance in Italien und Frankreich galt. Wegweisend ist vor allem auch sein methodisch grundlegender Beitrag „Die neuen Philologien. Leistungen, Aufgaben und Möglichkeiten", erschienen 1989 im Jubiläumsband der Akademie der Wissenschaften und der Literatur zu Mainz zu ihrem 40-jährigen Bestehen. Die Aufnahme von Erich Loos in diese Akademie als ordentliches Mitglied erfolgte im Jahre 1976. Seither fühlte sich der Verstorbene der Mainzer Akademie eng verbunden, u. a. auch als langjähriger Vorsitzender der Kommission für Romanische Philologie, die vor allem für die Betreuung des Lessico Etimologico Italiano verantwortlich ist. Es gab wenige Akademie-Sitzungen an denen der Verstorbene nicht teilnehmen konnte, solange sein Gesundheitszustand dies erlaubte. Erich Loos konnte nicht ahnen, dass sein Schüler und Nachfolger in der Akademie, Wido Hempel, nur wenige Wochen später nach einem Hauskonzert zu seiner Erinnerung, ihm im Grabe folgen würde. Ein herber Doppelverlust für die deutsche Romanistik.

NACHRUF AUF WALTER HENN

von

Hrn. Franz Gustav Kollmann und Hrn. Ekkehard Ramm

Am 13. August 2006 verstarb im Alter von 93 Jahren Walter Henn, der im Jahr 1959 als korrespondierendes und im Jahr 1962 als ordentliches Mitglied der mathematisch-naturwissenschaftlichen Klasse der Mainzer Akademie gewählt wurde.

Walter Henn wurde am 20. Dezember 1912 als Sohn eines Ingenieurs in Reichenberg bei Dresden geboren. 1931 begann er zunächst das Studium des Bauingenieurwesens an der Technischen Hochschule Dresden, das er im Jahr 1935 mit dem Diplom abschloss. Im Jahr 1935 wurde Walter Henn nach Vorlage der Dissertation „Grundlagen der Wassermessungen mit dem hydrometrischen Flügel" zum Dr.-Ing. promoviert. Bereits während seines Studiums erkannte er, dass die im 19. Jahrhundert einsetzende Aufspaltung des Baumeisterberufes in den des Bauingenieurs und des Architekten seinen eigenen ganzheitlichen Vorstellungen nicht entsprach. Daher nahm er schon im Jahr 1933 das Zweitstudium der Architektur in der Meisterklasse von Professor Wilhelm Kreis an der Akademie der bildenden Künste auf, das er 1937 mit dem Diplom für Architekten abschloss. In seinem Lebenslauf schrieb Walter Henn: *„Schon während des Studiums als Bauingenieur und während kurzer Tätigkeit als junger Diplomingenieur zur Erkenntnis gekommen, dass der Fortbestand und die Weiterentwicklung der Kultur nur in der Synthese der Technik und der Kunst möglich sein wird. Deshalb der Versuch,* *die technischen und künstlerischen Forderungen, die im Bauen seit dem 19. Jahrhundert an zwei getrennte Berufe (Bauingenieur, Architekt) aufgespalten worden sind, wieder in einer Person zu erfüllen. Fortsetzung des Studiums in der Meisterklasse für Architektur an der Akademie der bildenden Künste, Professor Kreis. Abschluss: Akademischer Architekt."*

Dieses Zitat kennzeichnet die Grundeinstellung von Walter Henn. Nach dem Studium übte er praktische Tätigkeiten im Industrie- und Brückenbau aus. Im Jahr 1940 gründete er ein Ingenieurbüro in Dresden, das sich mit diesen Bauaufgaben befasste. Von September 1941 bis März 1944 wurde Henn bei der deutschen Wehrmacht in Nordfinnland eingesetzt. Danach wurde er an die Technische Hochschule Dresden zurückversetzt.

Die Zeit des Wiederbeginns nach dem Zweiten Weltkrieg in Dresden war für Walter Henn eine besondere Herausforderung, die er sehr eindringlich in seiner Dankesrede bei der Verleihung des Ehrendoktors durch die Fakultät für Architektur der Technischen Universität Dresden am 2. November 1995 beschrieben hat. Das Gelände der Hochschule war von der Roten Armee besetzt; und es unterstand einem Hochschuloffizier im Range eines Obersten, der zunächst die sowjetrussischen Vorstellungen über die Organisation der Forschung und der Lehre umsetzen wollte. Danach sollte Forschung nur an speziellen Akademieinstituten und Lehre rein praxisorientiert an ausschließlich der Ausbildung dienenden Einrichtungen erfolgen. Walter Henn, der im Herbst 1945 kommissarisch einen Lehrstuhl für Architektur übernommen hatte, war in die schwierigen Verhandlungen mit dem russischen Hochschuloffizier eingebunden. Nach ausführlichen Gesprächen, die nach Henn zu *„eigenartigen Kompromissen"* geführt hatten, brachte die Nachricht die Wende, dass die Technische Hochschule München mit dem Wintersemester 1945/46 ihren Betrieb wieder aufgenommen hatte. Die sowjetische Militäradministration ordnete darauf an, dass die Technische Hochschule Dresden unverzüglich ihre Tätigkeit wieder aufzunehmen hatte. Im September 1946 wurde die Technische Hochschule wieder eröffnet, und Walter Henn wurde im Alter von 33 Jahren zum ordentlichen Professor für Architektur ernannt. Es ist bewegend, in der Dankesrede zu lesen, unter welch schwierigen Bedingungen die Professoren und die der Technischen Hochschule Dresden zugewiesenen 56 ersten Studentinnen und Studenten die akademische Lehre aufnahmen. Walter Henn war dabei intensiv mit der Neuorganisation des Studiums befasst.

Aber bereits in dieser extrem schwierigen Nachkriegszeit widmete sich Henn auch wieder der Forschung. Für die Architekturprofessoren, die nicht wie ihre Kollegen der Bauingenieurfakultät über eigene experimentelle Anlagen verfügten, die den Krieg überstanden hatten, verblieb nur eine theorie-orientierte Publikationstätigkeit. Walter Henn veröffentlichte unter anderem einen Aufsatz über die Sicherung und den Wiederaufbau historischer Bauwerke, wobei er insbesondere auch auf den möglichen Wiederaufbau der Frauenkirche einging, der ihn nach der Wende erneut beschäftigen sollte. Außerdem vergab er zwei Promotionsthemen über Toleranzen bei Betonfertigteilen und über Sozialbauten in Bergbauregionen, die zu den ersten Dissertationen an der Fakultät für Bauwesen nach dem Krieg führten. Ferner war es damals noch möglich, ja sogar erwünscht, in westdeutschen wissenschaftlichen Organen zu publizieren. So hat Walter

WALTER HENN
1912–2006

Henn den Beitrag über Stahlbeton für die erste Nachkriegsauflage des Bandes „Bauwesen" des bekannten Handbuchs „Hütte" unter extremem Zeitdruck verfasst. Weiter musste er die Technische Hochschule Dresden im Deutschen Ausschuss für Stahlbeton in Wiesbaden und im Deutschen Normenausschuss vertreten.

Schließlich knüpfte Henn in dieser Zeit erste internationale Verbindungen zu polnischen, tschechischen und slowakischen Kollegen. Diese sehr starke internationale Orientierung sollte für sein späteres Wirken kennzeichnend werden.

Besonders eindrucksvoll beschreibt Walter Henn den von ihm geleiteten Wiederaufbau der Technischen Hochschule Dresden in den Jahren nach 1945. Er war der verantwortliche Planer, der den Generalbebauungsplan für den gesamten Wiederaufbau entworfen und mit allen beteiligten Institutsdirektoren sowie der Hochschulleitung abgestimmt hat. Dann musste der russische Verbindungsoffizier für die Genehmigung der Kosten gewonnen werden. Dazu führte Henn in der bereits erwähnten Dankesrede folgendes aus: *„Nun hatte ich in meiner beruflichen Tätigkeit und in meiner Militärzeit die Erfahrung gemacht, dass man, um Erfolg zu haben, manchmal alles auf eine Karte setzen muss. Also nannte ich – vielleicht ritt mich der Teufel – den Betrag von 150 Millionen."* Dazu muss erwähnt werden, dass der Rektor von 40 Millionen und der Verwaltungsdirektor von 80 Millionen ausgegangen waren. Nach einer Umrechnung der genannten Summe in Rubel stimmte der russische Oberst zur allgemeinen Überraschung zu.

Im Jahr 1953 erhielt Walter Henn einen Ruf an die Technische Hochschule Braunschweig, der er die Treue bis zu seiner Emeritierung 1982 gehalten hat. Es war damals noch möglich, einen derartigen Ruf in den westlichen Teil Deutschlands anzunehmen und ganz offiziell auszureisen. Mit dem Umzug nach Braunschweig öffnete sich für Walter Henn eine neue Welt, von deren Möglichkeiten er reichen Gebrauch machte. Mit seinen zukunftsweisenden Ansichten über Industriebauten befruchtete er in besonderem Maße die akademische Lehre. Dies schlägt sich in der sehr großen Anzahl von Diplom- und Doktorarbeiten nieder, die in den 29 Jahren seiner Tätigkeit in Braunschweig an seinem Institut angefertigt wurden. Zusammen mit zwei Kollegen begründete er die so genannte „Braunschweiger Schule", die bis in die neunziger Jahre ein Qualitätsmerkmal für eine rationale, strenge Architektur mit proportionierten Baukörpern darstellte. Da Walter Henn ein sehr weltoffener Mensch war, vertiefte er die bereits in Dresden begonnenen Auslandskontakte durch ausgedehnte Reisen, die ihn unter anderem in fast alle westeuropäischen Länder, in die USA und nach Japan führten.

Von besonderer Bedeutung war seine umfangreiche Bautätigkeit. Wie in Dresden war er seiner eigenen alma mater auch in Braunschweig besonders verbunden. Von Walter Henn stammen die Entwürfe für die Mensa sowie die Gebäude des Studentenwerkes und des Instituts für Verfahrenstechnik. Bei den Industriebauten reizte es ihn besonders, Neuland zu betreten. So hat er das erste Großraumbüro in Deutschland und das erste Hochregallager in Europa gebaut. Herausragende Zeugnisse seiner Bautätigkeit sind unter anderem die Verwaltungsgebäude der Maschinenfabrik Deckel und der Osram GmbH in München, Klinikgebäude in Göttingen, das Moselkraftwerk Detzem und der Kühlturm des Heizkraftwerkes Reuter West der BEWAG in Berlin. Alle diese Gebäude zeichnen sich durch eine überaus klare Formensprache sowie bei den Gebäuden streng gegliederte und dennoch leicht wirkende Glasfassaden aus. Ferner hat er bei dem Wiederaufbau der Dresdner Frauenkirche beratend mitgewirkt.

Die Mainzer Akademie verdankt Walter Henn die Entwürfe für den Erweiterungsbau des Plenarsaales (1960–1961), den sich parallel zur Geschwister-Scholl-Straße erstreckenden Büroflügel, die Umgestaltung des Foyers und den Neubau des Sitzungsbaus der geistes-sozialwissenschaftlichen Klasse (1990–1991). Jedem Besucher der Akademie ist es daher möglich, das Wirken Walter Henns in seiner klaren Architektursprache wahr- und aufzunehmen.

Seine Erfahrungen im praktischen Bauen haben sich in zahlreichen Publikationen niedergeschlagen, von denen hier vor allem das Standardwerk „Bauten der Industrie" erwähnt werden soll, das in acht Sprachen übersetzt wurde. Große Verdienste hat sich Walter Henn in der Förderung der internationalen Zusammenarbeit erworben. So war er Mitglied und Koordinator für Westeuropa der „Union Internationale des Architecture" (UIA), der weltweit übergreifenden Dachorganisation der Architekten. Dadurch hatte er großen Einfluss auf die inhaltliche Gestaltung der alle drei Jahre abgehaltenen internationalen Symposien dieser Gesellschaft.

Es verwundert nicht, dass Walter Henn viele Berufungen in Gremien und zahlreiche akademische Auszeichnungen erhalten hat. Von den Gremien soll hier die Berufung in den Wissenschaftsrat erwähnt werden. Seine Leistungen als Wissenschaftler wurden durch Ehrenpromotionen der Technischen Universitäten Wien (1976), Dresden (1995) und Krakau (2001) gewürdigt. Die Tätigkeit eines dem Bauen verpflichteten Professors, der eindringlich für die Einheit von Forschung, Lehre und Realisation eintrat, hat er unübertrefflich wie folgt zusammengefasst: *„Ein Professor hat Vorlesungen zu halten, zu bauen, schriftlich Stellung zu nehmen, um auch nach Jahrzehnten einer fundierten Kritik zur Verfügung zu stehen, er hat sich an Wettbewerben zu beteiligen und muss sich der konsequenten Kritik seiner Bauten unterziehen."*

Persönlich war Walter Henn eine ungemein anregende und überzeugende Persönlichkeit. Er ließ sich auf seine Gesprächspartner ein und wirkte durch die eigenen Argumente. Das private Leben von Walter Henn wurde bestimmt durch seine charmante Frau Hilde, die eine angesehene Arztpraxis in Braunschweig führte, durch die fünf Kinder und seine Begeisterung für die Kunst. Schon in Dresden hatte er begonnen, Kunst des zwanzigsten Jahrhunderts zu sammeln, insbesondere die Werke expressionistischer Maler. Im Lauf der Zeit erweiterte er seine Sammlung um Autografen von Künstlern. So besaß er u.a. die für verloren gehaltenen Briefe Oskar Kokoschkas, in denen dieser Anweisungen für die Herstellung einer lebensgroßen Puppe als Ersatz für Alma Mahler-Werfel gab. Mit seiner Sammlung konnte Walter Henn in seinem Zweit- und Emeritierungswohnsitz Murnau Ausstellungen im Kunstmuseum nahezu vollständig aus eigenen Beständen bestücken. Er war ein Meister des Bauens und ein Grandseigneur.

NACHRUF AUF SEDAT ALP

von

Hrn. Gernot Wilhelm

Am 9. Oktober 2006 starb im Alter von 93 Jahren Hr. Sedat Alp, der seit 1979 korr. Mitglied unserer Akademie war. Er hat seine Ausbildung in Deutschland erhalten und war der deutschen Hethitologie und der deutschen Sprache stets eng verbunden. Alps wissenschaftliche Leistungen und seine wissenschaftspolitischen Verdienste haben sowohl in Deutschland als auch in seinem Heimatland vielfältige Anerkennung gefunden. Seit 1972 war er Träger des Bundesverdienstkreuzes 1. Klasse, seit 1992 Träger des Bundesverdienstkreuzes mit Stern, er war ordentliches Mitglied des Deutschen Archäologischen Instituts, Präsident des Deutsch-Türkischen Kulturbeirats und Ehrendoktor der Universität Würzburg.

Sedat Alp wurde am 1. Januar 1913 im damaligen Karaferiye bei Thessaloniki geboren. Nach dem Ersten Weltkrieg siedelte die Familie in die neuentstandene Türkische Republik über. Im Alter von 19 Jahren wurde er in die kleine Gruppe von Stipendiaten aufgenommen, die im Rahmen des Modernisierungs- und Europäisierungskonzepts Kemal Atatürks eine qualifizierte Ausbildung in Europa erlangen sollten. Nachdem er 1932/33 fast ein Jahr lang das humanistische Gymnasium in Schulpforta besucht hatte, studierte er in Berlin zunächst Alte Geschichte, doch führte ihn ein Vortrag des Althistorikers Fritz Schachermeyr über das in hethitischen Quellen erwähnte Land Ahhijawa und dessen mögliche Identität mit den Achäern Homers zur Hethitologie. Er wechselte deshalb 1934 nach Leipzig, wo Johannes Friedrich dieses Fach unterrichtete. Zum Wintersemester 1935/36 ging Alp nach Berlin zurück; dort war sein Lehrer im Hethitischen Hans Ehelolf, der auch als Kustos am Vorderasiatischen Museum für die damals erst zum geringen Teil veröffentlichten Tontafeln aus der Hethiterhauptstadt Hattuša bei Boğazköy zuständig war. Nach Ehelolfs Tod übernahm Friedrich von Leipzig aus die Betreuung der Dissertation Alps, der weiter in Berlin studierte. 1940 wurde Alp mit einer Dissertation über Beamtennamen im hethitischen Festzeremoniell promoviert.

Alp ging dann nach Ankara zurück, wo er 1941 Assistent und bald darauf Dozent an der Dil ve Tarih-Coğrafya Fakültesi (Fakultät für Sprachen und Geschichte/Geographie) wurde. Noch im selben Jahr hatte er einen bis 1944 dauernden Militärdienst anzutreten. Den hethitologischen Lehrstuhl hatte zu dieser Zeit der aus Berlin stammende, 1936 in die Türkei emigrierte Hethitologe Hans Gustav Güterbock inne; als dieser 1948 die Türkei verließ, wurde Alp ein Jahr später zum Professor für Hethitologie ernannt; 1958 folgte die Ernennung zum Ordinarius.

Schon bald nach seiner Rückkehr in die Türkei arbeitete Alp sich in das Spezialgebiet der damals gerade in den Anfängen der Entzifferung stehenden hethitischen Hieroglyphen ein und veröffentlichte hierzu eine Monographie und mehrere Aufsätze. Zahlreiche weitere Arbeiten Alps aus den ersten Jahren seiner Tätigkeit an der Ankaraner Uni-

SEDAT ALP
1913–2006

versität sind dem Gebiet der hethitischen Lexikographie und der historischen Topographie gewidmet.

Seit 1953 leitete er Ausgrabungen auf dem Karahöyük bei Konya, bei denen eine bedeutende, bis heute nicht sicher identifizierte Stadt der Mittleren Bronzezeit zutage trat. Die in großer Zahl gefundenen Siegelabdrücke publizierte er in einem monumentalen Band in türkischer und deutscher Sprache (*Zylinder- und Stempelsiegel aus Karahöyük bei Konya*, Ankara 1968).

In einer weiteren großen Monographie (*Beiträge zur Erforschung des hethitischen Tempels*, Ankara 1983) untersuchte Alp die Funktion des in den hethitischen „Festritualen" häufig bezeugten *halentu(wa)*-Hauses und die in ihm vorgenommenen rituellen Handlungen. 1991 legte er die Edition der sprachwissenschaftlich wie historisch bedeutsamen mittelhethitischen Tontafeln vor, die bei Ausgrabungen auf dem Maşat Höyük gefunden worden waren (*Hethitische Briefe aus Maşat Höyük*, Ankara 1991).

Anfang 1998 erlitt er einen Schlaganfall, der ihn teilweise lähmte; dennoch hat er auch danach noch wissenschaftlich gearbeitet und mehrere Bücher für eine breitere interessierte Öffentlichkeit publiziert. Bis zuletzt nahm er Anteil an der Fortführung der Internationalen Hethitologenkongresse, die er 1990 ins Leben gerufen hatte und die seitdem alle drei Jahre stattfanden, teils in der Türkei, teils in Italien und Deutschland. Mit Sedat Alp verliert die Hethitologie einen ihrer international angesehensten Fachvertreter.

NACHRUF AUF WIDO HEMPEL

von

Hrn. Frank Baasner

Wido Hempel wurde am 13. April 1930 in Bonn geboren. Im Rheinland begann er auch seine wissenschaftliche Karriere, als er am Romanischen Seminar der Universität zu Köln Assistent von Fritz Schalk wurde. Er übernahm damit den Platz von Erich Loos, der kurz darauf an die FU Berlin wechselte.

Der akademische Lehrer Fritz Schalk, der im Aufbau der Nachkriegsromanistik an den deutschen Universitäten eine erhebliche Rolle spielte, hat Wido Hempel maßgeblich geprägt.

Philologische Präzision und sprachpraktische Perfektion in den wichtigsten romanischen Sprachen gehörten ebenso zum Selbstverständnis wie eine breite, auch über die Grenzen der Romania hinausgehende Belesenheit. Der Horizont der literaturwissenschaftlichen Interessen Wido Hempels reichte dann auch von der Antike über das Mittelalter bis in die Gegenwart.

Die 1959 veröffentlichte Dissertation widmet sich dem großen italienischen Realisten Giovanni Verga. Anschließend wandte sich Wido Hempel der spanischen Literatur zu, und zwar jener Epoche, die als nationale Blütezeit (im Spanischen gar als „goldenes Zeitalter") gilt: dem 17. Jahrhundert. Die Habilitationsschrift untersucht einen 1636 in Venedig erschienenen Sammelband zu Ehren Lope de Vegas, der ein singuläres italohispanisches Rezeptionsphänomen darstellt. Mit der Habilitationsschrift erschließt Wido

WIDO HEMPEL
1930–2006

Hempel ein Kapitel der europäischen Barockliteratur und der intensiven Beziehungen zwischen der italienischen und spanischen Dichtung. Das Interesse an originellen Fragestellungen und wenig erforschten Gegenständen bleiben im weiteren Werk Hempels ebenso erhalten wie die vergleichende Untersuchungsperspektive. In die Jahre zwischen Dissertation und Habilitation fallen bedeutende umfangreiche Aufsätze, die vor allem in den Bereich der historischen Semantik gehören. „Zur Geschichte von spanisch *humor*" ist eine fast 40-seitige kultur- und sprachhistorische Abhandlung, die bis heute unübertroffen ist. Auch der Aufsatz zu „Parodie, Travestie und Pastiche" wurde zu einem festen Bezugspunkt späterer Theorien zur Intertextualität.

Gleich nach der Habilitation erfolgte ein Ruf an die Universität Hamburg, wo Hempel bis zu seinem Wechsel nach Tübingen 1975 forschte und lehrte. In die Hamburger Zeit fallen die beiden nächsten längeren Abhandlungen. In der Reihe der Mainzer Akademie erschien 1971 die erneut ein italo-hispanisches Thema aufgreifende Studie zu „Philipp II. und der Escorial in der italienischen Literatur des Cinquecento". Mit der 1974 erschienenen Monographie zu „Manzoni und die Darstellung der Menschenmenge als erzähltechnisches Problem in den *Promessi Sposi*, bei Scott und in den historischen Romanen der französischen Romantik" verstärkte und erweiterte er sein wissenschaftliches Profil als Komparatist. In Hamburg trat Hempel in den Kreis der Herausgeber des Romanistischen Jahrbuchs ein und konnte hier Erfahrungen sammeln, die ihm später bei der Herausgabe der Romanischen Forschungen zugute kamen.

Das sehr breite wissenschaftliche Spektrum, das Wido Hempel mit seinem durch philologische Strenge und hohe Qualität gekennzeichneten Oeuvre abdeckte, wird einer der Gründe gewesen sein, ihn 1975 auf den Lehrstuhl für Romanische Philologie und Vergleichende Literaturwissenschaft an der Universität Tübingen zu berufen. Nach dem Wechsel aus dem Norden an den Neckar widmete er sich vor allem Phänomenen der Rezeption sowie der Motivgeschichte. In weit ausgreifenden Streifzügen durch die europäischen Literaturen wurden so unterschiedliche Motive wie „Die ‚Jakobiner des XIII. Jahrhunderts'", „Literarische Wagneriana" oder „Liebe im Alter" erforscht. Die Rezeption Dantes in den europäischen Literaturen bildet einen weiteren Schwerpunkt jener Jahre. Besonders intensiv aber blieb die Auseinandersetzung mit der spanischen Literatur, vom Nationalepos *Cantar de Mio Cid* bis zum modernen Klassiker Ortega y Gasset. Zahlreiche hispanistische Aufsätze aus den Tübinger Jahren verfasste Wido Hempel in spanischer Sprache. 1983 wurde ein Sammelband mit einigen seiner hispanistischen Arbeiten in Spanien unter dem Titel „Entre el Poema de Mio Cid y Vicente Aleixandre – Ensayos de literatura española y comparada" herausgebracht.

Nach dem Tod seines Lehrers Fritz Schalk übernahm Wido Hempel 1981 die Herausgabe der international renommierten Fachzeitschrift *Romanische Forschungen (RF)* und der Schriftenreihe *Analecta Romanica*. Dank seiner breiten Interessen und der ausgezeichneten Kontakte in der deutschen und internationalen Romanistik konnte er die Zeitschrift, die wie kaum eine andere für den Zusammenhalt des Faches Romanische Philologie mit seinen sprach- und literaturwissenschaftlichem Teilen steht, auf dem hohen Niveau, das sie unter Fritz Schalk erlangt hatte, weiterführen. Unter seiner Herausgeberschaft erschien der 100. Band der RF, in dem die international bedeutendsten romanistischen Fachzeitschriften dargestellt werden und somit ein wichtiger Beitrag zur Fachgeschichte geleistet wird.

Zu seinem 65. Geburtstag widmeten ihm 38 Freunde und Kollegen aus Europa und den USA eine umfangreiche Festschrift mit dem Titel „Spanische Literatur – Literatur Europas". Der illustre Kreis der Beiträger und die vielseitigen behandelten Themen zeugen von der Bekanntheit und Wertschätzung, die Wido Hempel in der internationalen Romanistik und Hispanistik genoss.

Auch nach seiner Emeritierung blieb er wissenschaftlich aktiv. In den Artikeln der letzten Jahre, in denen er immer wieder überraschende und neue Fragestellungen aufwarf, verstärkte sich eine Tendenz, die schon seit einigen Jahren zu bemerken war. Ausgehend von zufällig wirkenden Beobachtungen des Alltags, lenkt er den Blick auf literarische Verarbeitungen von Motiven, die in der gesellschaftlichen Realität verankert sind. Ein besonders hübsches Beispiel für diese Form literarischer Analyse, die ihren „Sitz im Leben" hat, ist der im Herbst 2005 erschienene Aufsatz „Handtaschenraub à la française und all'italiana", in dem Wido Hempel, von der Dorfchronik seines Wohnortes ausgehend, zwei Erzählungen Malerbas und Le Clézios untersucht.

Der fachliche Rat Wido Hempels war sehr gefragt. Für viele Jahre war er Fachgutachter der Deutschen Forschungsgemeinschaft. In zahlreichen Stiftungen, vor allem der Stiftung FVS und der Kurt Ringger-Stiftung, wirkte er im Kuratorium mit, in letzterer war er Vorsitzender. Die *Real Academia Española*, die altehrwürdige höchste Autorität in spanischer Sprache und Literatur, wählte ihn zum korrespondierenden Mitglied, eine Ehrung, die nur wenigen ausländischen Persönlichkeiten zuteil wird. Bereits 1982 wurde er zum korrespondierenden, 1987 dann zum ordentlichen Mitglied der Mainzer Akademie der Wissenschaften und der Literatur gewählt.

Wido Hempel war ein Literaturwissenschaftler, der seine Faszination für eine durch strenge Formen geprägte Kunst und auch Gesellschaft nicht verbergen mochte, auch in Zeiten, wo die Rebellion gegen Traditionen mit der Rebellion gegen bestimmte literarische Epochen und Themen einherzugehen schien. Bei Wido Hempel im Seminar zum Epos der italienischen Renaissance, zur romanischen Novellistik oder zum spanischen Schelmenroman zu sitzen hieß, sich auf diese Epochen mit ihrer Eigenlogik einzulassen, die rhetorischen und sprachlichen Formen der jeweiligen Zeit zu beherrschen. Wer dem Zeitgeist oder der Bequemlichkeit gehorchend eher zu vermeintlich aktuelleren Autoren und Epochen neigte, mag in Wido Hempel den Vertreter einer überholten romanistischen Fachtradition gesehen haben. Aber die letzten Jahre haben der Art, wie Wido Hempel Kunst und Literatur verstand, Recht gegeben. Die Rückkehr des Blicks auf Formen und Werte, die innerhalb Europas in literarischen Werken transportiert werden, und auch die Wiederkehr der Disziplin als gestaltender Kraft wertet eine Vorstellung von Literatur auf, für die künstlerische Formen einen besonderen Wert haben. Ebenso selbstbewusst beharrte Wido Hempel auf einer theoretischen Position, die in der Tradition hermeneutischer Philologie zu situieren ist. Allen mehr oder minder kurzlebigen theoretischen Gedankengebäuden gegenüber war er in seiner toleranten Grundhaltung aufgeschlossen, was auch in seiner Gutachtertätigkeit zum Ausdruck kam. Alle Theorien aber mussten sich die Frage gefallen lassen, was sie zum besseren Verständnis der literarischen Kunstwerke beizutragen vermochten.

Als akademischer Lehrer war Wido Hempel anspruchsvoll und tolerant zugleich. Wer auf angemessenem Niveau in die Diskussion über literarische Phänomene oder ihren soziokulturellen Kontext einsteigen konnte, hatte die ungetrübte Aufmerksamkeit des Meisters – wer nur spontane Meinungen oder ideologische Positionen zum Besten gab, der musste auf diplomatische Indifferenz gefasst sein.

Auch nach seiner Emeritierung blieb Wido Hempel äußerst aktiv und war als Redner an Universitäten in ganz Europa gefragt. Am 7. November 2006 ist er in Berlin gestorben. Die deutsche Romanistik verliert mit ihm einen international renommierten Vertreter.

Neuwahlen

Die Akademie wählte im Berichtsjahr

zu ordentlichen Mitgliedern

Günther Schulz, geb. 27. November 1950, ist Leiter der Abteilung Verfassungs-, Sozial- und Wirtschaftsgeschichte des Instituts für Geschichtswissenschaft der Universität Bonn. Zuvor nahm er Lehrtätigkeiten an der TU Dresden sowie als Professor für Wirtschafts- und Sozialgeschichte an der Universität zu Köln wahr. Er ist federführender Herausgeber der „Vierteljahrschrift für Sozial- und Wirtschaftsgeschichte" und stellvertretender Vorsitzender der Gesellschaft für Sozial- und Wirtschaftsgeschichte. Seine Arbeitsschwerpunkte liegen in der Wirtschafts- und Sozialgeschichte des 19. und 20. Jh. sowie mit europäischer Perspektive in der Geschichte der Wirtschafts- und Sozialordnung sowie des Wohnungswesens.

(Wahl am 21. April 2006, Geistes- und sozialwissenschaftliche Klasse)

Reiner Anderl, geb. 24. Juni 1955 in Ludwigshafen am Rhein. Studium des Allgemeinen Maschinenbaus von 1974–1979, Promotion 1984, Habilitation 1991 und venia legendi 1992 an der Universität (TH) Karlsruhe, dazwischen 1984–1985 technischer Leiter der Firma LAL Spartherm. Seit 1993 Universitätsprofessor an der Technischen Universität Darmstadt. Seit 2005 Adjunct Professor Virginia Tech, Blackburg Virginia (USA), seit 2006 Gastprofessor UNIMEP, Piracicaba (Brasilien).

(Wahl am 23. Juni 2006, Mathematisch-naturwissenschaftliche Klasse)

Angela Krauß, geb. 2. Mai 1950, lebt als freie Schriftstellerin in Leipzig. Sie studierte in Berlin Gebrauchsgrafik, später am Literaturinstitut „J. R. Becher" in Leipzig (1976–79). Für ihre Prosawerke (u. a. „Der Dienst", „Die Überfliegerin", „Wie weiter") erhielt sie zahlreiche Preise (u. a. Ingeborg-Bachmann-Preis 1988, Berliner Literaturpreis 1996). Unter dem Titel „Die Gesamtliebe und die Einzelliebe" hielt Angela Krauß die Frankfurter Poetikvorlesungen 2004. 2005 hatte sie die Max-Kade-Gastprofessur in St. Louis inne. Sie ist Gründungsmitglied der Sächsischen Akademie der Künste.

(Wahl am 23. Juni 2006, Klasse der Literatur)

Karl-Heinz Ott, geb. 14. September 1957, arbeitete nach dem Studium der Philosophie, Germanistik und Musikwissenschaft als Dramaturg in Freiburg, Basel und Zürich. Sein Romandebüt „Ins Offene" (1998) wurde mit dem Förderpreis des Hölderlinpreises und dem Thaddäus-Troll-Preis, sein zweiter Roman „Endlich Stille" (2005) mit dem Alemannischen Literaturpreis, dem Preis der LiteraTour Nord und dem Candide Preis ausgezeichnet. Ott, der auch mit seinen Radio-Essays und Aufsätzen zu Musik, Philosophie, Literatur und Film bekannt geworden ist, war Inhaber der 49. Mainzer Poetik-Dozentur der Akademie an der Universität Mainz.

(Wahl am 23. Juni 2006, Klasse der Literatur)

Karsten Danzmann, geb. 6. Februar 1955 in Rotenburg/Wümme, Studium der Physik in Clausthal-Zellerfeld und Hannover, Promotion 1980, Postdoc Stanford Uni 1981–82, Wiss. Mitarbeiter PTB Berlin 1983–85, Assistenzprofessor Stanford Uni 1986–89, Projektleiter MPQ Garching 1990–93, Professor C4 Uni Hannover seit 1993, Direktor Max-Planck-Institut für Gravitationsphysik (Albert-Einstein-Institut) Hannover seit 2002. Forschungsgebiete: Laserinterferometrie und Gravitationswellenastronomie. PI GEO600 Gravitational Wave Observatory, Co-PI LISA Pathfinder Space Mission, ESA Mission Scientist LISA Space Mission.

(Wahl am 3. November 2006, Mathematisch-naturwissenschaftliche Klasse)

Die Akademie wählte im Berichtsjahr

zu korrespondierenden Mitgliedern

Stefan Hradil, geb. 19. Juli 1946, ist Professor für Soziologie an der Johannes Gutenberg-Universität Mainz. Er analysiert mit innovativen Konzepten die Sozialstruktur Deutschlands im internationalen Vergleich sowie die Entwicklungstrends moderner Gesellschaften. Schwerpunkte seiner Arbeit sind auch die politische Beratung und die Verbreitung sozialwissenschaftlichen Wissens. Er ist Herausgeber der Zeitschrift „Gesellschaft. Wirtschaft. Politik" und Vorstandsvorsitzender der Schader-Stiftung „Sozialwissenschaften und Praxis".

(Wahl am 17. Februar 2006, Geistes- und sozialwissenschaftliche Klasse)

Hans-Georg Rammensee, geb. 12. April 1953, ist seit 1996 Direktor der Abteilung Immunologie am Interfakultären Institut für Zellbiologie der Universität Tübingen. Nach dem Studium der Biologie und Dissertation an der Universität Tübingen war er Leiter einer Arbeitsgruppe für Immunologie am Max-Planck-Institut für Biologie, Tübingen sowie Leiter der Abteilung Tumorvirus-Immunologie am Deutschen Krebsforschungszentrum, Heidelberg. Er ist u. a. Sprecher des Graduiertenkollegs „Zellbiologische Mechanismen immunassoziierter Prozesse" und des Sonderforschungsbereichs 685 „Immuntherapie: von den molekularen Grundlagen zur klinischen Anwendung" der DFG.

(Wahl am 17. Februar 2006, Mathematisch-naturwissenschaftliche Klasse)

Johannes Janicka, geb. 14. März 1951, leitet als Universitätsprofessor das Fachgebiet Energie- und Kraftwerkstechnik und ist seit 1997 Mitglied des Senats der TU Darmstadt. Seine experimentellen und theoretischen Forschungen befassen sich mit Verbrennungsprozessen und ihrer mathematischen Modellierung. Er ist unter anderem Sprecher der DFG-Forschergruppe „Verbrennungslärm", des Graduiertenkollegs „Instationäre Systemmodellierung von Flugtriebwerken" und des Sonderforschungsbereichs 568 „Strömung und Verbrennung in zukünftigen Gasturbinenbrennkammern".

(Wahl am 23. Juni 2006, Mathematisch-naturwissenschaftliche Klasse)

André Reis, geb. 25. Juli 1960, ist Direktor des Instituts für Humangenetik an der Universität Erlangen-Nürnberg und Sprecher des dortigen Interdisziplinären Zentrums für funktionelle Genomik sowie gewählter Sprecher des Interdisziplinären Zentrums für klinische Forschung (IZKF). Neben seiner aktiven Mitarbeit in Forschungsverbünden ist er unter anderem Sprecher des Wissenschaftlichen Programmkomitees sowie stellv. Vorsitzender der Deutschen Gesellschaft für Humangenetik. Sein interdisziplinäres Interesse an naturwissenschaftlicher Grundlagen- und klinischer Forschung berücksichtigt auch das gesellschaftliche und ethische Umfeld des Faches Humangenetik.

(Wahl am 23. Juni 2006, Mathematisch-naturwissenschaftliche Klasse)

Michael Veith, geb. 9. November 1944, ist seit August 2005 Wissenschaftlicher Geschäftsführer des Leibniz-Instituts für Neue Materialien (INM), Saarbrücken. Er ist einer der führenden Vertreter des Faches „Anorganische Chemie". Das besondere Interesse des Leibniz-Preisträgers (1991) gilt der anorganischen Molekülchemie und ihrer Anwendung auf materialwissenschaftliche Probleme. Er ist unter anderem Initiator und Sprecher des ersten Europäischen Graduiertenkollegs der DFG (Saarbrücken/Metz/Nancy/Strasbourg/Luxembourg).

(Wahl am 23. Juni 2006, Mathematisch-naturwissenschaftliche Klasse)

ANTRITTSREDEN DER NEUEN MITGLIEDER 2003/2004

HR. MARTIN CARRIER

Mein Fach ist die Wissenschaftsphilosophie, die ich an der Universität Bielefeld vertrete. Studiert habe ich an der Universität Münster Physik und Philosophie; es folgten akademische Stationen in Konstanz und Heidelberg. Die Wissenschaftsphilosophie ist auf die Analyse methodologischer Charakteristika der Wissenschaften gerichtet, insbesondere auf Theorienstrukturen und Theorienwandel, auf Erklärungsansprüche und Beurteilungskriterien von Theorien, sowie auf die Erschließung von Konsequenzen der Wissenschaft für unser Bild von Mensch und Welt.

Ich interessiere mich entsprechend dafür, wie wissenschaftliche Erkenntnisgewinnung vonstatten geht. Es geht mir also um die Inhalte von Theorien, ihre Beziehungen zur Erfahrung, ihre Erklärungsleistungen oder die Gründe für ihre Geltung. Die philosophische Analyse konzentriert sich nicht auf die institutionellen Aspekte wissenschaftlicher Forschung, das obliegt der Schwesterdisziplin der Wissenschaftssoziologie, einem anderen Instrument im interdisziplinären Konzert der Wissenschaftsforschung, sondern sie betrachtet die Erkenntniskraft der betreffenden Theorien. Zum Beispiel fasst die Wissenschaftsphilosophie bei der Analyse des wissenschaftlichen Wandels besonders die Fortschritte bei der Erklärung oder Handhabung der Phänomene ins Auge, während Veränderungen des sozialen Gefüges oder des geistesgeschichtlichen Umfelds eine eher auxiliäre Rolle spielen.

Wissenschaft ist zwar von Menschen gemacht, sie unterliegt gleichwohl eigenen Gesetzmäßigkeiten, die selbst zum Gegenstand wissenschaftlicher Forschung werden können. Ähnliches gilt für die Wirtschaft. In beiden Fällen handelt es sich um Produkte des Menschen, um unsere Schöpfungen also, die uns aber trotzdem gleichsam naturwüchsig gegenübertreten und eine eigenständige, von uns nicht mehr ohne weiteres durchschaute Dynamik entfalten. Deshalb ist Aufklärung durch systematische Reflexion gefordert, und darum geht es mir, nämlich herauszufinden, wie Wissenschaft unter den Bedingungen der Gegenwart eigentlich funktioniert.

Mein gegenwärtiges Forschungsvorhaben ist auf die Analyse von „Wissenschaft im Anwendungskontext" gerichtet. Wissenschaft wird heute meistens nicht deswegen gefördert, damit sie uns Aufschluss gibt über das Higgs-Boson und die dunkle Energie, sondern weil sie als eine Quelle technologischer Innovation und damit als Faktor der Wirtschaftsdynamik begriffen wird. Der erwartete Gegenwert für die Förderung der Wissenschaft sind Arbeitsplätze. Entsprechend lastet heute ein erheblicher Anwendungsdruck auf der Wissenschaft, und meine Frage ist, welche Folgen dieser Anwendungsdruck auf die Wissenschaft in der Wissenschaft hat. Eine Vielzahl von Stimmen aus der

Wissenschaft beklagt, dass die Orientierung der Forschung am kurzfristigen, ökonomisch fassbaren Nutzen die epistemischen Verpflichtungen untergräbt, auf denen der Erkenntniserfolg der Wissenschaft langfristig ruht. Dem wird entgegengehalten, dass schon in der Wissenschaftlichen Revolution Erkenntnis und Nützlichkeit als ein Zwillingspaar gedacht wurden und dass die Ansprüche an die Verlässlichkeit wissenschaftlicher Resultate durch den Zwang zur Praxistauglichkeit eher steigen. Wenn der erste Blick keine klaren Ergebnisse bringt, dann muss man genauer nachschauen – und diesem Zweck dienen meine Untersuchungen zu Theorienstrukturen und Beurteilungskriterien in angewandter Forschung.

Gelegentlich wird die Frage gestellt, ob Wissenschaftsforschung der Wissenschaft nützt, ob sie also die Wissenschaft verbessert. Das mag so sein und ist jedenfalls zu hoffen, aber darin besteht nicht die Begründung für Wissenschaftsphilosophie. Die Ornithologie bezieht ihre Berechtigung auch nicht daraus, dass sie den Vögeln nützt, sondern den Menschen, die mit Vögeln umgehen. So ist es auch mit der Wissenschaftsforschung. Sie nützt vor allem der Gesellschaft, auch der Politik, die mit der Wissenschaft zu tun hat und die sich von der Wissenschaft Antworten erhofft. Eine der relevanten Fragen ist zum Beispiel, wie die Wissenschaft auf solche Weise gefördert werden kann, dass sie langfristig die meisten praktischen Früchte bringt.

Die Philosophie hat von Beginn an unter dem Eindruck der Weltfremdheit zu leiden gehabt. Viele Menschen reagieren auf die Bemühungen der Philosophen wie die thrakische Magd auf den Sturz des Thales: mit Gelächter. Thales von Milet nämlich studierte – den Blick fest gen Himmel gerichtet – den Lauf der Gestirne und übersah dabei das Erdloch zu seinen Füßen. Das Lachen der beistehenden thrakischen Magd gilt oft als der treffende Kommentar des tätigen Menschen zu den praxisfernen und folgenlosen Anstrengungen der Philosophen, denen die Erfordernisse des Lebens aus dem Blick geraten sind. Ich sehe mich demgegenüber als Vertreter einer gleichsam angewandten Philosophie und lege Wert darauf, dass das Verständnis von Wissenschaft, ihrer Beziehungen zur Technik, ihrer Einbettung in die Gesellschaft zu konkreten Folgerungen mit Praxisbezug führen kann.

Die Akademien sind in der Zeit der Wissenschaftlichen Revolution gegründet worden, weil die seinerzeit erstarrten Universitäten die neuen naturwissenschaftlichen Formen der Wissensgewinnung nur schwer zu integrieren vermochten. Das hat sich gründlich geändert. Gleichwohl begründet diese Entstehungsgeschichte der Akademien eine Tradition der Offenheit und der Bereitschaft, sich neuen Herausforderungen zu stellen. Deshalb bin ich stolz, der Mainzer Akademie anzugehören.

FRAU SIGRID DAMM

Als ich geboren wurde, tobte der Zweite Weltkrieg, und als ich vier Jahre alt war, ging er zu Ende.

Meine erste Kindheitserinnerung: die Einquartierungen russischer Soldaten und Offiziere in unserem Haus. Sie requirierten meine lebensgroße Puppe mit dem Porzellankopf. Ließen mich dafür auf ihren Rücken reiten, galoppierten mit mir durch den Garten. Die Nachbarskinder standen am Zaun, riefen „Russenweib". Schweiß- und Machorkageruch der russischen Uniformen: Kindheitsgeruch.

Wegen einer Herzkrankheit versäumte ich das erste Schuljahr. Lesen lernte ich schwer. Ich mochte es nicht. Auch später. Im Vergleich zu anderen Schriftstellern – sie lesen Shakespeare mit sechs, Goethe mit fünf – habe ich keine beeindruckende Lektüreliste aufzuweisen.

In den Garten gebannt – wegen des Herzfehlers Verbot, mit anderen Kindern auf der Straße zu spielen – sprach ich mit den Lauchpflanzen oder sah den kleinen weißen Wolken nach. Ab und an zog ein Trupp der Kasernierten Volkspolizei am Zaun vorbei; immer sangen sie im abgehackten Rhythmus des Marschierens das gleiche Lied: *Dem Karl Liebknecht haben wirs geschworen, der Rosa Luxemburg reichen wir die Hand.*

Mein Vater, in britischer Gefangenschaft, hatte nach der Entlassung eine gute Stellung in der britischen Zone gefunden. Er wollte, dass meine Mutter dorthin nachkäme. Aber sie konnte nicht von Thüringen, von Gotha lassen. So kehrte mein Vater nach langem Zögern zurück. Fortan endete jeder Streit meiner Eltern mit dem väterlichen Ausspruch: „Wären wir in den Westen gegangen ..."

Als ich neun war, wurde aus der sowjetischen Besatzungszone die Deutsche Demokratische Republik. Und ich, müde des „Was wäre wenn ...", nahm sie an.

Nach der Grundschule erhielt ich, obgleich weder Arbeiter- noch Bauernkind, einen Oberschulplatz. Bei der Studienbewerbung jedoch wirkte sich meine Herkunft – Angestelltenkind – nachteilig aus. Ich wurde abgelehnt. Meine Mutter nahm all ihren Mut zusammen, fuhr in die Universitätsstadt, wurde im Prorektorat für Studienangelegenheiten vorstellig. Und – hatte Erfolg.

Von 1959 bis 1964 studierte ich in Jena Germanistik und Geschichte, ein Jahr dann noch Germanistik Diplom. Ich blieb als Assistentin, 1965 wurde mein erster Sohn geboren, ich wechselte in die Aspirantur, 1969 der zweite Sohn. 1970 war das Jahr meiner Promotion.

Wegen der Arbeit des Vaters meiner Kinder war ich 1968 nach Berlin umgezogen. Die Universität Jena stand zu meiner wissenschaftlichen Laufbahn – ich war eine „Frauengeförderte" –, man schlug mir vor, meine Söhne in einer Wochenkrippe unterzubringen, wie es „Millionen Werktätige" täten.

Dass der Hauptfeind der Frauen die Kinder seien, dieser Ausspruch Simone de Beauvoirs war in mir. *Denn Kinder sind für die Frau heute die schrecklichste aller*

Versklavungen. Ich schwieg, da die französische Feministin nicht unbedingt zum sozialistischen Repertoire gehörte.

Ich lehnte ab. Damit war meine Universitätskarriere beendet, ehe sie begonnen hatte.

In Berlin fand ich Arbeit in einer Kulturbehörde; eine Lebensschule, bitter, erkenntnisreich. Die Lüge vom Vertrauensverhältnis zwischen Künstlern und Partei bzw. Staat fiel wie ein Kartenhaus in sich zusammen; Zensur, Reglementierung, Bürokratie. Der Endpunkt: die Ausweisung Biermanns und die Verhaftung Rudolf Bahros.

Die Notwendigkeit einer eigenen Entscheidung. 1978 schaffte ich es, verließ die Behörde, wanderte zu mir selbst aus, wurde freiberuflich.

Das Abenteuer des Schreibens begann. Nicht, dass ich Schriftstellerin werden wollte, keineswegs. Ich wollte nur nicht mehr *funktionieren wie ein Rad ... in eine Lücke in der Republik* hineingestoßen. *... heißt das gelebt? heißt das seine Existenz gefühlt ...*

Diese Sätze las ich bei dem Dichter Jakob Michael Reinhold Lenz. Er war es, der mich zum Schreiben brachte. Sieben Jahre meines Lebens folgte ich seinen Spuren. Überfüttert mit Ideologie, war ich süchtig nach Faktischem, nach der aktenmäßigen Wahrheit. In Archiven in Weimar, Riga und Tartu, an den Orten von Lenzens Kindheit, Lettland, Estland, am Ort seines Todes – einundvierzigjährig starb er auf einer Moskauer Straße – suchte ich sie. 1985 erschien mein Buch „Vögel, die verkünden Land. Das Leben des Jakob Michael Reinhold Lenz".

Lenz öffnete die nach Westen geschlossenen Tore. Ich bekam Einladungen nach England und Italien, die Grenzwächter ließen mich hinaus.

In Italien, an einem heißen Tag in Parma, sah ich die DDR plötzlich überscharf von außen. Und die Geschichte, die ich erzählen musste, war da, auch die Metapher von der DDR als dem *wärmenden Ländchen* und dem *Totenhaus*. Dass der Roman „Ich bin nicht Ottilie" mein Abschiedsbuch von der DDR werden würde, ahnte ich damals noch nicht.

Das *Gesellschaftsgestocktsein* in meinem Land nahm immer bedrohlichere und zugleich lächerliche Formen an. Die bösen Erfahrungen meiner Söhne in Schule, Armee und beim Studium; Signale der Implosion.

Dann der 4. November 1989 auf dem Alexander-Platz in Berlin. *Die Hoffnung eine Falle, die am Wege lag;* unser *Unmaß an Hoffnung.* Und die schnelle Ernüchterung. Auch dieser Staat war kein *Gewand, das sich an den Leib des Volkes schmiegte,* wie Georg Büchner es erträumt hatte.

Mit siebzehn Millionen teilte ich den Wechsel der Staatsform. Viele meiner Alltagskoordinaten wurden davon berührt. Mein Schreiben nicht. Es blieb die Suche nach der *Wachstumsstelle einer menschenmöglichen Zukunft,* blieb die geheime Zwiesprache mit dem Verlorenen der Geschichte.

Wenn Freiheit – dann die des Schreibens. Und das heitere Überwinden der Breiten- und Längengrade; eine Gastprofessur in Edinburgh und Glasgow, ein Aufenthalt in der Casa di Goethe in Rom.

Vor allem aber Lappland. Das kleine schwedische Holzhaus des Sohnes unterhalb des Polarkreises der Schreibort für „Christiane und Goethe". Nach zwei Jahren Recherchen in thüringischen Archiven dort zwei weitere Jahre Arbeit am Sprachrhythmus des Buches.

Die Einsamkeit, die Weite der Landschaft, ihre Energie. Der Traum, das in Bildern und Texten auf den Leser zu übertragen. Der Erfolg von „Christiane und Goethe" gab die Chance. Zusammen mit meinen Söhnen, Joachim Hamster Damm, Bühnenbildner, Fotograf und Performancer, und Tobias Damm, im Bereich von Grafik, Video und Internet tätig, entstanden die „Tage- und Nächtebücher aus Lappland". Ein beglückender ungewöhnlicher Arbeitsprozess.

Danach ein Buch fast wider Willen, Verführung durch den Verlag, die „Wanderung" durch „Das Leben des Friedrich Schiller".

Das Abenteuer des Schreibens immer aufs Neue; immer weniger geht es mir dabei um Ziele, sondern um das Unterwegssein; das Ziel ist lediglich eine Gestalt des Nichtvorhandenen, es löst die Bewegung aus, setzt Energie, Schmerz, Traum frei: die Gegenwart der Seele.

Und: Vielleicht ist der Stil der Mensch.

HR. JOACHIM MAIER

Sporadisch einsetzendes Unvermögen, sich an das eigene Geburtsdatum zu erinnern, ist durchaus geeignet, die Vorstellung der eigenen Person schon in Ansätzen zu ruinieren. Gegen diese Gefahr bin ich weitgehend gefeit. Nicht durch die Gabe eines besonders guten Gedächtnisses, sondern durch die „Gnade der Schnapszahlgeburt".

Ich bin am 5.5.55 in einer stillen Ortschaft im Saarland zur Welt gekommen, die heute zur Stadt Neunkirchen gehört. Es war der Tag, an dem die Bundesrepublik Deutschland bedingt souverän wurde, und das Jahr, in dem das Saarland mehrheitlich eine bedingte Souveränität im europäischen Rahmen ablehnte und sich für den Anschluss an Deutschland entschied. Frankreich nahm's gelassen, wohl weil es den wirtschaftlichen Nutzen des Saarlandes ohnehin gering einschätzte.

Wer zu dieser Zeit in einer saarländischen Industriestadt aufwuchs und zur Schule ging, konnte sich der „Einfärbung" des täglichen Lebens durch Bergbau und Hüttenwesen – wenn Sie mir großzügigerweise Schwarz als Farbe durchgehen lassen – nicht entziehen.

Zur Höheren Schule ging ich in Sulzbach, einer etwas bunteren Kleinstadt, in der übrigens auch Ludwig Harig aufwuchs.

In diesen Gymnasialjahren übten wir schon mal das Verfassen von Lebensläufen. Ich erinnere mich noch an meine ausgeprägte Abneigung gegenüber einer solchen Art von Selbstdokumentation, der zufolge meine diesbezüglichen Entwürfe immer sehr kurz waren und mit dem Satz endeten: „Ferner gedenke ich, mein Leben derart einzurichten, dass mein nächster Lebenslauf umfangreicher ausfallen wird".

Bald konnte ich meinem Lebenslauf hinzufügen, in Saarbrücken Chemie studiert zu haben. Eigentümlicherweise waren es in der Schule die Fächer Mathematik und deutsche Literatur gewesen, zu denen ich mich am meisten hingezogen fühlte. Weswegen dann Chemie? Es sind diese Zufälligkeiten, die häufig große Konsequenzen haben und die Nichtlinearität der Lebensläufe reflektieren.

Nach der Promotion in Physikalischer Chemie ging es ins Schwabenland zum Max-Planck-Institut für Festkörperforschung. Wie schwer es einem bodenständigen Saarländer fällt, das Saarland (unter Überspringen der rheinland-pfälzischen Pufferzone) ausgerechnet zugunsten des Schwabenlandes zu verlassen, dies vermag nur der Saarländer zu ermessen – vielleicht auch in Ansätzen der Schwabe.

Habilitiert habe ich mich in Tübingen, um daraufhin sehr bald einen Ruf ans Massachusetts Institute of Technology zu erhalten. Zu einer Annahme konnte ich mich nicht entschließen, auch im Bewusstsein anderer Alternativen. Ich war dann vielmehr über viele Jahre auswärtiges Fakultätsmitglied in Cambridge und habe dort regelmäßig Vorlesungen gehalten.

Von den Alternativen in Deutschland sei von den zweien die Rede, die den saarländisch-schwäbischen Konflikt neu belebten: Direktor am Institut für Neue Materialien in Saarbrücken oder am Max-Planck-Institut für Festkörperforschung in Stuttgart, das war die Wahl. Heimatliche Verbundenheit und korrespondierendes Vorurteil waren so weit abgebaut, dass ich der wissenschaftlichen Lukrativität des zweiten Angebotes nicht widerstehen konnte.

Seit dieser Zeit – es war das Jahr 1991 – beschäftigen wir uns in Stuttgart einerseits mit der physikalisch-chemischen Frage, wie elektrische Eigenschaften von festen Stoffen chemisch zu verstehen sind, andererseits mit der materialwissenschaftlichen Frage, wie sich in Umkehrung – solche Erkenntnisse ausnützend – Festkörper diesbezüglich gezielt beeinflussen und manipulieren lassen.

Rückblickend finde ich es bemerkenswert, wie die Aufnahme in diese Akademie für Wissenschaft und Literatur zu Mainz, ja doch in Rheinland-Pfalz, beide angesprochenen Entscheidungsprobleme mildert – einerseits das saarländisch-schwäbische Dilemma, zum anderen die nahezu antagonistische Neigung zu Naturwissenschaft und Literatur.

Vielleicht darf ich an dieser Stelle eine Aktivität (oder gar Symposium) anregen, welche Wissenschaft und Literatur involviert, nämlich die Beleuchtung der völlig verschiedenen Rolle der Sprache in beiden Metiers: Während die Sprache in der Wissenschaft im idealen Falle die Information explizit 1:1 nur in Form scharf definierter Ausdrücke transportiert, ist es in der Poesie doch gerade die Resonanz durch Assoziation, die Magie des nicht ausdrücklich Gesagten, die uns berührt.

Ein Text, der auf Genauigkeit optimiert ist, muss notwendigerweise an sprachlicher Schönheit eingebüßt haben. Das gleiche gilt umgekehrt. Wissenschaftler würden von einem Komplementaritätsprinzip zwischen Schönheit und Präzision reden. Der Poet würde es sicherlich schöner sagen.

Es ist mir, meine Damen und Herren, eine Ehre, dieser Akademie anzugehören.

HR. VOLKER MOSBRUGGER

Herr Präsident, meine Damen und Herren,

die Mainzer Akademie der Wissenschaften und der Literatur ist bekanntermaßen ein Hort der Bildung und des Wissens. Insofern gehe ich davon aus, dass mein Familienname Mosbrugger Ihnen durchaus geläufig ist und auch verschiedene Assoziationen weckt.

Ein berühmter Träger meines Namens ist der Herr Mosbrugger aus Robert Musils Roman „Der Mann ohne Eigenschaften". Dort heißt es: „Wenn die Menschheit als Ganzes träumen könnte, müsste Mosbrugger entstehen". Das sollte schmeicheln – Sie wissen aber auch, dass dieser Musil'sche Mosbrugger als wahnsinniger Prostituiertenmörder literarisch Furore gemacht hat. Ich gestehe daher mit Freuden, dass ich weder genetisch noch in meinen Neigungen mit dieser Literatur-Figur verwandt bin.

Nicht weniger bedeutsam ist andererseits die aus dem Bregenzer Wald stammende Künstlerfamilie Mosbrugger, die im 17./18. Jahrhundert berühmte Stukkateure und Barockbaumeister, im 19. Jahrhundert vor allem bekannte Maler hervorgebracht hatte.

Mit dieser Künstlerfamilie Mosbrugger bin ich nun in der Tat verwandt, auch wenn ich – wie alle meine Studenten bestätigen können – über keinerlei künstlerische Begabung verfüge. Durch meine berühmten Namensvettern lernen Sie also tatsächlich wenig über meine Phylogenie und gar nichts über meine Neigungen und Begabungen.

Geboren wurde ich 1953 in Konstanz am Bodensee, in „Deutschlands letztem Zipfele", wie es bei uns in Baden heißt. Meine Kindheit, Jugend und Adoleszenz in Konstanz verlief – zumindest nach meiner Einschätzung – unspektakulär. Entscheidend geprägt wurde ich durch den Besuch des humanistischen Gymnasiums in Konstanz und durch einen Griechischlehrer, der mich für Philosophie begeisterte, eine Liebe, die ich bis heute pflege. Eine weitere Liebe aus meiner Konstanzer Jugendzeit sind die Naturwissenschaften und die Naturforschung, zu der ich als Ornithologe Zugang bekam.

Entsprechend studierte ich dann zwischen 1973 und 1979 in Freiburg im Breisgau und in Montpellier in Südfrankreich Biologie und Chemie für das Lehramt an Gymnasien. Anschließend packte mich aber doch der Forscherdrang. Trotz verlockender Angebote aus der Molekularbiologie entschied ich mich damals für eine Dissertation über die Phylogenie und Systematik einer seit 250 Millionen Jahren ausgestorbenen Farngruppe, die Pecopteriden. Seit dieser Zeit bin ich eigentlich mehr Geowissenschaftler als Biowissenschaftler.

Die restlichen Stationen meines Lebens sind schnell erzählt. Nach der Promotion wechselte ich auf eine Assistenz in der Paläontologie an der Universität Bonn, nach der Habilitation 1989 erhielt ich 1990 den Ruf auf den traditionsreichen und renommierten Lehrstuhl für Paläontologie an der Universität Tübingen. Wer einmal in Tübingen auf diesem Lehrstuhl für Paläontologe sitzt, der geht da nicht wieder weg, zumindest war das über die letzten fast 200 Jahre so. Mit dieser Tradition habe ich – schweren Herzens – im letzten Monat gebrochen und bin einem Ruf an die Universität Frankfurt gefolgt und leite seither das Forschungsinstitut und Naturmuseum Senckenberg, das sich als Forschungseinrichtung der „Blauen Liste" mit über 200 Mitarbeitern überwiegend der Evolution und Funktion der Biodiversität widmet.

Über meine wissenschaftlichen Arbeitsrichtungen habe ich bereits in der Naturwissenschaftlichen Klasse und auch im Plenum berichtet. Einerseits interessiere ich mich für die Evolution und biomechanische Konstruktion von Landpflanzen bis hin zur technischen Umsetzung von biologisch realisierten Problemlösungen (Bionik). Ein zweites zentrales Forschungsthema umfasst die Entwicklung der Wälder über die letzten 60 Millionen Jahre sowie den Vergleich von natürlicher und anthropogener Dynamik von Waldökosystemen. Ein dritter Forschungsschwerpunkt gilt der natürlichen Klimaveränderung wiederum der letzten 60 Millionen Jahre im Vergleich zu dem vom Menschen verursachten Klimawandel, neuerdings mit einem besonderen Blick auf die Wechselwirkungen zwischen Vegetation und Klima.

Meine Forschungen konzentrieren sich somit auf den Wandel unserer Umwelt, ob natürlich oder anthropogen verursacht. Als gelernter Biologe und Chemiker, der jetzt Geowissenschaftler ist, fasziniert mich zunehmend die ganzheitliche Sicht, also die Erdsystem-Betrachtung, bei der der unbelebte und der belebte Teil unserer Erde als ein hochkomplexes System untersucht wird.

In der Akademie finde ich für diese ganzheitliche Betrachtungsweise des Erdsystems exzellente Gesprächspartner. Ich erhoffe mir von der Akademie aber auch, dass ich meine beruflich bedingte „Kurzsichtigkeit" in den Geistes- und Sozialwissenschaften überwinden kann und so lerne, die Rolle des Menschen im System Erde eben nicht nur von einer naturwissenschaftlichen Sicht aus zu betrachten. Nirgendwo ist der Lernfortschritt so groß, wie dort, wo das Wissen gering ist.

Ich freue mich darauf, von Ihnen allen zu lernen.

HR. DIRK VON PETERSDORFF

„Wir suchen überall das Unbedingte, und finden immer nur Dinge": Mit diesem Satz begann Friedrich von Hardenberg, genannt Novalis, seine Fragmentsammlung „Blüthenstaub". Als ich diesen Satz und die Frühromantik im Studium kennen lernte, es muss 1989 gewesen sein, hatte ich das Gefühl, etwas gefunden zu haben, ein Denken und einen Weltzugang, dem man sich anschließen konnte, auch wenn ich es damals noch nicht so sagen konnte, es war eine Elektrisierung und Belebung. Weil Romantiker hartnäckig etwas suchen, ohne genau sagen zu können, was sie eigentlich suchen, können sie nie lange still halten, sind auf dem Sprung, wechseln die Ansichten, was ihre Gegner beliebig nennen, aber es geht aus einem nicht zu stillenden Mangel hervor. Sie werden gefragt: „Was willst du eigentlich?" Das passiert mir auch, dann heißt es: „Was bist Du eigentlich, Lyriker oder Wissenschaftler?" Aber diese Frage kann ich nicht beantworten.

Das alles ist seltsam: 1992 veröffentlichte ich einen ersten Gedichtband und war der Schelm unter den Postmodernen, 1993 begegnete mir eine schöne Frau, um die ich geduldig werben musste, 1994 wurde ich promoviert mit einer Arbeit zum Selbstverständnis romantischer Intellektueller. Dann ging ich vom protestantisch zügigen und zugigen Kiel in das warme, katholische und genussfreudige Saarbrücken, wo mich nach einigen Diensttagen an der Universität ein akademischer Rat stellte und fragte, warum ich eigentlich immer so über die Gänge rennen würde. Das konnte ich auch nicht sagen, aber vielleicht haben Romantiker es eilig, und vielleicht ist es auch so, dass, wie Friedrich Sengle bemerkt hat, kein Süddeutscher jemals diese hochgezüchtete intellektuelle Ironie der norddeutschen Romantikerclique verstehen wird.

Inzwischen hatte ich Richard Rortys Buch „Kontingenz, Ironie und Solidarität" gelesen. Dort charakterisiert er eine liberale Ironikerin als Person, die unaufhörliche Zweifel an jenem Vokabular hegt, das sie zur Rechtfertigung ihres Lebens benutzt. Also war ich eine liberale Ironikerin, und mir gefiel an dem Buch auch, dass solche Menschen keine moralfreien Gestalten sind. Man muss bedenken, dass ich als spät entwickelter Jüngling eigentlich erst in den neunziger Jahren zu denken begann, und es war die Zeit nach dem Ende der Geschichtsphilosophie und der Utopien, was viele Intellektuelle traurig fanden, aber es war eine große Befreiung, auch in der Kunst, denn die negativen Ästhetiken der Spätmoderne, die schöne Wiesen mit Verbotsschildern zugestellt hatten, waren wie weggeblasen, es ging ein guter Wind, der alles durchlüftete, und heute gibt es Gedichte, die wie Lieder klingen, die Schönheit ist diskursfähig, und keiner muss Angst haben, gerade das Falsche zu sagen.

Das alles ist seltsam. Als ich mich vor kurzem während der Fahrt im Auto umdrehte, saßen dort auf der Hinterbank zwei Kinder und sahen mich aufmerksam an, es sind Zwillinge, sie heißen Max und Luise, es sind meine Kinder und ich habe 100 Seiten autobiographische Prosa gebraucht, um das auch nur ansatzweise zu verstehen. Dieser Bericht „Lebensanfang" wird auch veröffentlicht, obwohl meine Frau das nicht möchte, wir lieben uns, aber sie sieht mich skeptisch an, wenn ich neuerdings Papstmessen im Fernsehen verfolge. Oh, Himmel, ich habilitierte mich, und es hieß: „Nun musst Du dich aber entscheiden", wie auch ein Rezensent zu meinem letzten Gedichtband ungeduldig schrieb: „Man möchte gerne wissen, was er eigentlich will". Das möchte er selber auch gerne wissen, aber man ist doch aus so vielen Welten und Sprachen und Gegenständen zusammengesetzt, dass man sich nur wundern kann, wie vieles bis jetzt gut gegangen ist. „Haben diese postmodernen Ironiker denn auch so etwas wie eine Hoffnung?" Aber ja: Wenn alles geschafft ist, die Eile, das Suchen, die Verwirrung, die fremden Fesseln, das Fieber und die Lust – wenn alles geschafft ist, möchte ich mit meinen Freunden wieder an der Ostsee sitzen, auf einer großen Steintreppe in Kiel-Schilksee, und Dosenbier trinken, wenn es dann überhaupt noch Dosenbier gibt, und dann sehen wir auf das Meer hinaus, in diese Ferne, die nicht aufhört, und dann werde ich den Satz verstanden haben: „Wir suchen überall das Unbedingte und finden immer nur Dinge."

HR. MICHAEL RÖCKNER

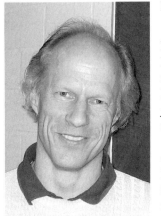

Mein Name ist Michael Röckner, ich wurde 1956 in Herford bei Bielefeld geboren. Im Jahr 1975 habe ich mein Abitur am über 350-jährigen Ratsgymnasium in Rheda-Wiedenbrück abgelegt, einer mehr als tausendjährigen Stadt in Westfalen, in der ich jetzt wieder mit meiner Familie wohne.

Nach dem Wehrdienst studierte ich, gefördert von der deutschen Studienstiftung, an der Universität Bielefeld Mathematik mit Nebenfach Physik und schloss mein Studium mit der Promotion in 1984 bzw. der Habilitation in 1987 ab.

Nach einem einjährigen Forschungsaufenthalt an der Cornell University bei Professor Dynkin und Professor Gross war ich vier Jahre an der University of Edinburgh (zunächst als Lecturer, anschließend als Reader) und wurde dann 1990 auf meine erste Professur an die Universität Bonn berufen. Seit 1994 bin ich Professor für Mathematik an der Universität Bielefeld und seit 2005 ebenfalls an der Purdue University in West Lafayette, USA, dort aber derzeit beurlaubt. In naher Zukunft muss ich mich jedoch endgültig zwischen diesen beiden Universitäten und der Universität Bonn entscheiden, an die ich zur Zeit einen Ruf auf eine Mathematik-Professur habe und der ja gerade ein Exzellenz-Cluster für Mathematik bewilligt wurde.

Die Neigung zur Mathematik hat sich bei mir schon früh ausgeprägt. Das eigentliche Schlüsselerlebnis hatte ich allerdings erst als 10-jähriger, als wir im Gymnasium die Dezimalzahlen kennen lernten. Ich war völlig verwirrt, dass es beliebig kleine Zahlen geben sollte. Das konnte doch eigentlich nicht stimmen! Denn sonst könnten sich zwei Autos vor einem Zusammenprall nur beliebig nahe kommen, aber nie gegenseitig berühren oder sich gar gegenseitig zerstören. Als ich das nach einer schlaflosen Nacht meiner Mathelehrerin erklärte, war sie sehr beeindruckt und nahm dies zum Anlass, uns eine vereinfachte Version der bekannten Geschichte von Archimedes und der Schildkröte zu erzählen, nämlich von dem Mann, der auf eine Wand zugeht, diese aber nie erreicht, da er ja immer zunächst die halbe Distanz und dann wieder die halbe Distanz usw. zurücklegen muss. Die Lösung allerdings, warum er schließlich doch die Wand erreicht, so sagte die Lehrerin, könnten wir erst in der Oberstufe richtig verstehen. Abschließend sagte sie vor der ganzen Klasse, dass ich unbedingt Mathematik studieren müsse. Von da an stand für mich fest: „Du wirst Mathematiker!"

Mein Spezialgebiet in der Forschung ist die Stochastische Analysis, einem Grenzgebiet zwischen Wahrscheinlichkeitstheorie und Analysis. Derzeit beschäftige ich mich hauptsächlich mit stochastischen partiellen Differentialgleichungen und deren Anwendungen.

Meine wissenschaftliche Entwicklung wurde von einer ganzen Reihe von hervorragenden Hochschullehrern geprägt. Besonders nennen möchte ich meinen Doktorvater, Sergio Albeverio, und meine Gastgeber an der Cornell University, vor allem Eugene

Dynkin. Er war damals schon Mitglied der amerikanischen Akademie der Wissenschaften, was ich besonders bewunderte. Somit ging für mich, nachdem ich mein Ziel erreicht hatte, Mathematik-Professor zu werden, ein Traum in Erfüllung, als ich 2003 zum Ordentlichen Mitglied der Mainzer Akademie gewählt wurde. Ich werde versuchen, mich trotz all meiner anderen vielfältigen Verpflichtungen und Aufgaben bestmöglich in die Akademie einzubringen und zum aktiven wissenschaftlichen Leben der Akademie beizutragen.

HR. WOLFGANG SCHWEICKARD

Sehr geehrte Frau Präsidentin, verehrte Festversammlung,

wenn ich heute als Vertreter der Romanischen Philologie zu Ihnen spreche, so war mein Weg zu diesem Fach nicht klar vorgezeichnet. Aus Familien rheinischer Winzer väterlicherseits und unterfränkischer Fischer mütterlicherseits stammend, begann ich, nach facettenreicher Nachkriegskindheit und -jugend, meine akademische Sozialisierung mit dem Studium der Rechtswissenschaft in Frankfurt. Die Kenntnisse der Jurisprudenz, die ich in jener Zeit erwerben konnte, vor allem die Prinzipien der juristischen Methodenlehre und das weite Feld der Rechtsgeschichte, erwiesen sich im Weiteren mehr als einmal als hilfreich. Nach einer Zeit des Parallelstudiums machte dann aber letztendlich die Romanistik und insbesondere die romanistische Sprachwissenschaft das Rennen. Das Phänomen Sprache hatte mich bereits zu Jugendzeiten fasziniert, und über die Jahre wurde mir immer deutlicher bewusst, dass es kaum eine ursprünglichere Manifestation menschlicher Eigenart gibt als eben die Sprache, die genauso lebendig, vielgestaltig und immer wieder zu Überraschungen fähig ist, wie die Menschen selbst. Dies näher zu erforschen, schien mir meine eigentliche Berufung zu sein.

Meine romanistischen Lehrer waren Günter Holtus und der viel zu früh verstorbene Kurt Ringger, der unserer Akademie über seine Stiftung bis heute in besonderer Weise verbunden geblieben ist. Meine Dissertation von 1985 galt Entwicklungstendenzen des modernen Italienischen am Beispiel der Sportberichterstattung, seinerzeit für mich eine ideale Verknüpfung von Theorie und Praxis. Nachdem ich jetzt meinen Weg gefunden hatte, folgte rasch die Habilitation 1989 in Trier mit einer vergleichenden Untersuchung zur Lexikalisierung von Eigennamen im Französischen, Spanischen, Italienischen und Rumänischen. Unmittelbar im Anschluss erreichte mich der Ruf auf eine Professur für Romanische Sprach- und Übersetzungswissenschaft nach Saarbrücken, wo ich eine kurze, aber intensive Zeit der akademischen Akkulturierung durchlebte und wertvolle Erfahrungen sammeln konnte.

Schon nach gut zwei Jahren, 1992, folgte ich einem Ruf an die Friedrich-Schiller-Universität Jena auf die Gründungsprofessur für Romanische Sprachwissenschaft. Die

Zeit in Jena empfinde ich im Rückblick als besonders prägend und lohnenswert. Die Romanistik war dort 1968 im Zuge der Restrukturierung der DDR-Hochschullandschaft geschlossen worden. Es gab viel zu tun, damit mein Fach, das gerade in Jena eine lange Tradition besitzt, wiederaufleben konnte. Mit damals 38 Jahren war ich genau im richtigen Alter, um eine solche Aufgabe in Angriff zu nehmen. Die Gestaltungsmöglichkeiten und die Entscheidungsfreiheit waren unvergleichlich, natürlich auch die sonstigen Rahmenbedingungen. Aus den gemeinsamen Aufgaben und Interessen, dem gemeinsamen Wagnis, sich auf ein profund neues, zunächst unwägbares Umfeld einzulassen, ergaben sich, auch über die Fakultätsgrenzen hinaus, ein besonderes Wir-Gefühl und eine ungewöhnlich intensive Zusammenarbeit, gewiss und zum Glück nicht ohne manche akademische Folklore, aber letztlich von ungewöhnlicher Ernsthaftigkeit, Motivation und Effizienz. Mit Unterstützung eines klugen Kanzlers und eines besonnenen Rektors konnte man rasch und zügig planen und diese Planungen auch umsetzen, so dass nach relativ kurzer Zeit das neue Romanistische Institut mit sechs Professuren in der Wissenschaftslandschaft etabliert war.

Nach acht Jahren in Thüringen folgte im Jahre 2001 für mich nochmals eine Wende mit dem erneuten Ruf nach Saarbrücken, dieses Mal auf den Lehrstuhl für Romanische Philologie, in der Nachfolge meines Kollegen und Freundes Max Pfister. Die Entscheidung, diesem Ruf zu folgen, war trotz der Faszination, die Jena auf meine Familie und mich ausübte, unwiderstehlich. Max Pfister war und ist der Nestor der deutschsprachigen Romanistik, und er war und ist mein wissenschaftliches Vorbild. Die Aussicht, mit ihm an seinem großartigen Lessico Etimologico Italiano zusammenzuarbeiten, war vermutlich die einzige Herausforderung, die mich von Jena weglocken konnte. Wie er bin auch ich der Überzeugung, dass sich in Wörterbüchern – vor allem in den historischen – Jahrhunderte und in der Romanistik sogar Jahrtausende menschlichen Denkens und Wirkens kondensieren und widerspiegeln. Wer sie zu lesen versteht, kann auf ganz besondere Weise den Zugang zur Kultur- und Geistesgeschichte finden, wer sie schreiben darf, wird schwerlich je wieder davon lassen können.

Nach der Zeit der Einarbeitung in Saarbrücken markierte das Jahr 2004, akademisch gesehen «nel mezzo del cammin di nostra vita», mein Annus mirabilis, mit der Verleihung des Ehrendoktorats der Universität Bari in Italien und der Aufnahme in die Mainzer Akademie unter der Präsidentschaft von Clemens Zintzen.

Wenn ich all die Wendungen und Herausforderungen meines akademischen Lebens nicht nur meistern, sondern sogar genießen konnte, so nur dank der inspirierenden Kraft meiner Kinder und der Unterstützung meiner Frau, die nun schon seit 35 Jahren nicht müde wird, mich zu ermuntern und kritisch zu begleiten. Es ist ein Glücksfall, wenn man Menschen um sich hat, denen man vorbehaltlos vertrauen kann. Ich bin froh, dass ich diesen Glücksfall sowohl im privaten als auch im beruflichen Umfeld erfahren darf.

Es ist mir eine Ehre, nun im Kreis der Akademie mitarbeiten zu können. Die in ihr vertretene Fächervielfalt übt einen außerordentlichen Reiz aus; das hochkarätige Kollegium flößt Respekt ein. Ich freue mich darauf, hier eine Zeit kreativer Gemeinsamkeit und intellektueller Inspiration verbringen zu dürfen, und ich hoffe, Ihnen etwas von dem Vertrauen zurückgeben zu können, das Sie in mich gesetzt haben.

Plenar- und Klassensitzungen

Februarsitzung

16. Februar abends:	Klasse der Literatur Autorenlesung mit Harald Hartung
17. Februar vorm.:	Hr. Hans Dieter Schäfer spricht über das Thema: „Verteidigung des Lebens durch Poesie. Über frühe und späte Moderne von Klopstock bis Benn"
17. Februar nachm.:	Symposion Zukunftsfragen der Gesellschaft „Freiheit und Gleichheit in der Demokratie"
18. Februar vorm.:	Hr. Joachim Maier spricht über das Thema: „Zum chemischen Innenleben fester Stoffe"

Aprilsitzung

20. April abends:	Klasse der Literatur Autorenlesung mit Anne Duden
21. April vorm.:	Hr. Johannes Meier spricht über das Thema: „Totus mundus nostra fit habitatio". Jesuiten aus dem deutschen Sprachraum in Portugiesisch- und Spanisch-Amerika
21. April nachm.:	Colloquia Academica PD Dr. Myriam Winning, Max-Planck-Institut, Düsseldorf: Korngrenzen auf Wanderschaft – Wege zum Design metallischer Werkstoffe PD Dr. Wolf Friedrich Schäufele, Institut für europäische Geschichte, Mainz: Der Pessimismus des Mittelalters
22. April vorm.:	Hr. Heinrich Detering spricht über das Thema: „Zwischen Lenin und Laotse: Bertolt Brecht und der Taoismus"

Junisitzung

22. Juni abends:	Klasse der Literatur Ludwig Harig liest aus seinen „Fußballsonetten" und andere Gedichte und Geschichten rund um den Fußball
23. Juni vorm.:	Hr. Peter Wriggers spricht über das Thema: „Ingenieurbaustoffe – auf dem Weg zum Verstehen"

23. Juni nachm.:	Hr. Jürgen W. Falter spricht über das Thema: „Die Bundestagswahl 2005 – Eine wahl-soziologische Nachbetrachtung"
24. Juni vorm.:	Hr. Paul Michael Lützeler spricht über das Thema: „Brüssel oder Rom? Schriftsteller und Europäische Union"

Novembersitzung

2. November abends:	Klasse der Literatur Autorenlesung mit Dirk von Petersdorff
3. November vorm.:	Hr. Helwig Schmidt-Glintzer spricht über das Thema: „Sinologie und das Interesse an China"
3. November abends:	Jahresfeier der Akademie Ansprache und Bericht der Präsidentin (S. 13) Festvortrag des Mitgliedes Albert v. Schirnding: „Überwindung der Synthese. Zu Thomas Manns politischer Essayistik zwischen den Kriegen" (S. 83) Verleihung der Leibniz-Medaille (S. 81) Antrittsreden der neuen Mitglieder 2003/2004 (S. 53) Verleihung des Walter Kalkhof-Rose-Gedächtnispreises (S. 81) Verleihung des Biodiversitätspreises (S. 82)
4. November vorm.:	Hr. Michel Eichelbaum spricht über das Thema: „Vom Gen zum Patienten: Auf dem Weg zu einer individualisierten Arzneimitteltherapie"

KURZFASSUNGEN DER IM PLENUM GEHALTENEN VORTRÄGE

Hans Dieter Schäfer: Verteidigung des Lebens durch Poesie. Über frühe und späte Moderne von Klopstock bis Benn (17. Februar 2006 vorm.)

Hans Dieter Schäfer vertritt die These, dass die Moderne von Anfang an in die Geburtsurkunde der bürgerlichen Kultur eingeschrieben wurde und erörtert Verachtung und Begeisterung, welche der Widerstand zum Tugendkanon der Leistungsethiker am Beispiel von Klopstock zur Folge hatte. Mit seiner Ode „Der Zürcher See" (1750) verteidigte er das von der Modernisierung in Schach gehaltene Leben durch eine in höchstem Maße innovative Textur. Während Klopstock seine Unabhängigkeit provozierend zur Schau stellte, verweigerte sich Eichendorff der Öffentlichkeit und versuchte, die Standardisierung des Menschen mit dem „Taugenichts" (1826) und einem Gedicht wie „Sehnsucht" (1834) durch nichts als Poesie voll sorgfältig hergestellter Nuancen aufzuheben. Im zweiten Teil wird – in Weiterführung von Norbert Elias – deutlich, wie sehr sich das Bürgertum nach den Einigungskriegen seit 1871 für den Angriff dressieren ließ. Schäfer untersucht diese Normen bei Kafka („Der Verschollene", 1912/1914) und Benn („D-Zug", 1912; „Reisen", 1950) und zeichnet in diesen Werken Spuren der verweltlichten Theologie von Klopstock und Eichendorff nach. Die Verbote von Kafka und Benn im Dritten Reich demonstrieren den Zusammenhang von persönlichem Ausdruck und unabhängiger Person – sie zeigen, wie umfassend die schon in Zürich aufgetretenen Spannungen beinahe zweihundert Jahre später das Aus der bürgerlichen Kultur einleiten sollten.

Joachim Maier: Zum chemischen Innenleben fester Stoffe (18. Februar 2006 vorm.)

Mit dem Festkörper verbindet man weitgehende Beständigkeit in Form und Zusammensetzung. Nicht zuletzt sind die ältesten Zeugnisse menschlicher Aktivität in „Stein gemeißelt". Tonschiefer dienten als früheste – nach heutigem Sprachgebrauch nonvolatile – Informationsspeicher. Der Grund liegt in den starken Bindungen und den dementsprechend geringen Diffusionskoeffizienten fester Materie. Aus dem gleichen Grund erscheint der Festkörper auch als chemisch starres Gebilde. In Lösungen fällt er entweder aus, oder er wird aufgelöst. Allenfalls wird die Oberfläche als Hort chemischen Geschehens begriffen.

Nichtsdestoweniger besitzt aber auch der starre Festkörper ein chemisches Innenleben: Dieses wird durch innere Fehler ermöglicht, die auch im Gleichgewicht unvermeidlich sind. Diese Fehler sind keineswegs pathologische Zustände, sondern viel eher vergleichbar den wohlbekannten H^+- und OH^--Ionen in Wasser, die dieser Phase in vielerlei Hinsicht ja erst ihre Bedeutung verleihen. Der enorme Vorteil fester Materie diesbezüglich erweist sich dadurch, dass (zumindest) eine Komponente dem Material eine innere Beweglichkeit (Ionenleitung) verleiht, während die völlig unbeweglichen Komponenten das reproduzierbare, stabile Gerüst des Festkörpers aufrechterhalten.

Der Beitrag behandelt zum einen das Verständnis der Konzentration und der Beweglichkeit solcher Fehler sowie der dadurch ermöglichten Transportvorgänge und chemischen Festkörperreaktionen, zum anderen aber auch – in strategischer Anwendung dieser Kenntnis – die Möglichkeit, Festkörper mit gewünschten ionischen und elektronischen Leitfähigkeiten zu konzipieren. Auf diese Weise können Funktionsmaterialien für Speicherung und Umwandlung von Energie und Information (chemische Sensoren, Brennstoffzellen oder Batterien) zielgerichtet entwickelt werden.

Eine moderne Möglichkeit, die im speziellen Teil des Vortrages behandelt wird, besteht im Erzeugen innerer Grenzflächen, eine Vorgehensweise, die besonders bei kleinen Abständen, wie sie im Nanometerbereich auftreten, ihre volle Kraft entfaltet.

Johannes Meier: „Totus mundus nostra fit habitatio". Jesuiten aus dem deutschen Sprachraum in Portugiesisch- und Spanisch-Amerika (21. April 2006 vorm.)

Zwei der sechs Gefährten, mit denen Ignatius von Loyola 1534 auf dem Montmartre in Paris den Jesuitenorden gründete, wurden vor 500 Jahren im April 1506 geboren, Peter Faber aus Savoyen – er wirkte später als erster Jesuit in Deutschland, u.a. in Mainz – und Franz Xaver aus Navarra – er machte die christliche Botschaft in Asien (Indien, Molukken, Japan) bekannt. Im April 2006 jährte sich auch zum 500. Mal die Grundsteinlegung zum Neubau des Petersdoms in Rom durch Papst Julius II., Mittelpunkt der heute über eine Milliarde Mitglieder zählenden katholischen Kirche.

Weltkirche wurde die katholische Kirche seit dem 16. Jahrhundert vor allem durch die Jesuiten. Sie waren es, die den Missionsbegriff entwickelten und ihren Satzungen programmatisch einfügten. Aus einem personalen Verständnis von Mission als (päpstliche) Sendung leiteten sie ein territoriales Verständnis der „Missionen" ab, das auf friedliche Mittel wie Glaubenspredigt, Bildung und wissenschaftlichen Austausch in Gebieten anderer Religionen und Kulturen setzte. Der neue Orden wurde schnell zu einem „global player"; im Todesjahr seines Gründers (1556) war er bereits von Brasilien im Westen über den Kongo und Äthiopien im Süden bis nach Japan im Osten präsent.

Jesuiten aus dem deutschen Sprachraum wurden im 16. Jahrhundert nicht in den außereuropäischen Missionen eingesetzt, da man ihre Aufgabe in der Stabilisierung der katholischen Kirche im Alten Reich gegenüber der sich ausbreitenden Reformation sah. Im 17. Jahrhundert änderte sich das. Vereinzelt vor, vermehrt seit dem Westfälischen Frieden sind mehrere Hundert Jesuiten aus der deutschen Ordensassistenz in die unter dem Patronat Portugals und Spaniens stehenden Missionen in Asien und Amerika entsandt worden. Der Höhepunkt dieser Entwicklung fällt in die Amtszeit des aus Böhmen stammenden Ordensgenerals Franziskus Retz (1730–1750). Beendet wurde sie durch die Ausweisung der Jesuiten aus den portugiesischen und spanischen Territorien (1759 bzw. 1767/68) und schließlich durch die Aufhebung der Gesellschaft Jesu (1773).

Neben ihrem religiösen Wirken erwiesen sich die Jesuiten als treibende Kraft im Kulturkontakt zwischen Europa und den anderen Erdteilen. Sie studierten die fremden Sprachen, erstellten Wörterbücher und Grammatiken. Im interkulturellen Austausch bedienten sie sich der verschiedensten Wissenschaften wie der Mathematik und Astronomie, der Kartographie, der Botanik und Pharmazie, ebenso der Sinne und Künste, des Theaters und der Musik, der Architektur und Malerei, schließlich der vielfältigen handwerklichen Fähigkeiten der Zeit. Durch Korrespondenz, regelmäßige Berichte und enzyklopädische Darstellungen mehrten sie in der Alten Welt die Kenntnisse über andere Natur- und Kulturwelten.

Viele der deutschsprachigen Jesuitenmissionare haben literarische und künstlerische Werke von hohem Rang hinterlassen; einige ihrer Bauten sind von der UNESCO in die Liste des Weltkulturerbes aufgenommen worden. Der Vortrag bot einen Überblick über die Jesuitenmissionen in Südamerika und brachte mit verschiedenen Beispielen in Erinnerung, dass es auch schon vor Alexander von Humboldt deutsche Amerikanisten gab.

Heinrich Detering: Zwischen Lenin und Laotse: Bertolt Brecht und der Taoismus (22. April 2006 vorm.)

„Er glaubt an Fortschritt", notiert Bertolt Brecht 1920 über einen Freund. „Aber er zeigt mir *Laotse*, und der stimmt mit mir so überein, dass er immerfort staunt." Um dieses „Aber" geht es im Vortrag. Bis in das Exil hinein nämlich hat Brecht sich mit der Philosophie des Taoismus intensiv auseinandergesetzt. Und er hat dabei immer wieder den Gegensatz zwischen dessen Maxime des „Nicht-Handelns" und der marxistisch-leninistischen Geschichtsphilosophie umkreist. In einem seiner berühmtesten Gedichte, der *Legende von der Entstehung des Buches Taoteking auf dem Weg des Laotse in die Emigration* (1938) stellt Brecht sich, dies ist die These, auf die Seite Laotses. Bis in die Nuancen seiner lyrischen Kunst hinein lässt sich hier verfolgen, wie die Lehre vom „weichen Wasser", das „den mächtigen Stein besiegt", sein Denken und Schreiben mitbestimmt – und wie Brecht im Bild des chinesischen Weisheitslehrers ein taoistisches Selbstbildnis entwirft.

Peter Wriggers: Ingenieurbaustoffe – auf dem Weg zum Verstehen (23. Juni 2006 vorm.)

Seit mehreren tausend Jahren werden künstliche Baustoffe verwendet, um Häuser, Brücken und andere Ingenieurbauwerke zu errichten. Mit dem von den Römern entwickelten Beton wurde erstmals ein heterogenes Material erschaffen, das den Ingenieuren große Flexibilität bei der Konstruktion ermöglicht. Diese empirisch entwickelten Baustoffe sind jedoch bis heute noch nicht in allen Details verstanden, was an den komplexen chemischen Prozessen liegt, die bei der Umwandlung der Rohstoffe in das fertige Material auftreten.

Seit der Renaissance hat die Mathematisierung im Bereich der Festigkeitslehre zu einer theoretischen Beschreibung des Materialverhaltens von Ingenieurbaustoffen geführt. Dies setzt sich bis in die heutige Zeit fort, da insbesondere für heterogene Baustoffe keine Materialbeziehungen bekannt sind, die alle Beanspruchungssituationen ausreichend abbilden.

Im Rahmen der heutigen Resourcen, Simulationsrechnungen auch auf kleinen Größenskalen durchführen zu können, ist es möglich, in der Mikrostruktur von Materialien chemische und physikalische Vorgänge genauer zu analysieren und diese durch skalenübergreifende Methoden dann auch auf größere – für den Ingenieur wesentliche – Skalen zu übertragen. Interessant sind dabei thermische und mechanische Beanspruchungen und deren Auswirkungen auf Strukturänderungen im Material. Aber auch der Angriff von Schadstoffen auf Ingenieurbaustoffe ist in der heutigen Zeit der optimierten Konstruktionen von großer Bedeutung.

Mit numerischen Simulationen, die verschiedene Skalen in die Rechenmodelle einbeziehen, ist es möglich, das Versagensverhalten von Baustoffen besser zu verstehen, aber auch experimentelle Ergebnisse besser interpretieren zu können. Letzteres wird durch dreidimensionale Simulationen auf der Mikroebene erzielt. Darüber hinaus können weitere Feldgleichungen – wie bei thermo-hygro-chemischen Prozessen – in die mechanischen Feldgleichungen einbezogen werden, womit gekoppelte physikalische Phänomene wie Schädigung durch Korrosion oder Wärmeentwicklung in Materialgleichungen Berücksichtigung finden.

Im Rahmen des Vortrages wird die zugehörige Methodik entwickelt und anhand von Beispielen erläutert. Wesentlich ist in diesem Rahmen die Validation der Simulationsergebnisse durch Experimente.

Jürgen W. Falter: Die Bundestagswahl 2005 – Eine wahl-soziologische Nachbetrachtung (23. Juni 2006 nachm.)

Die Bundestagswahl 2005 kannte streng genommen keine Wahlsieger. Die Parteien, die gegenüber 2002 hinzugewannen, sitzen in der Opposition, die Wahlverlierer bilden die Regierung. Das Ergebnis der Bundestagswahl wurde in der breiten Öffentlichkeit und in den Medien einerseits als große Überraschung und andererseits als wahres Cannae der Umfrageforschung gewertet. Überraschend war vor allem das gegenüber den Meinungsumfragen sehr stark abfallende Wahlergebnis der Unionsparteien. Nach einer Darstellung und regionalen Aufgliederung des Wahlergebnisses und seiner Veränderungen gegenüber der Vorwahl wird zunächst untersucht, wer für welche Partei gestimmt hat und welche Veränderungen sich in der sozialen Zusammensetzung der Wählerschaft der Parteien gegenüber 2002 ergeben haben. Daran anschließend wird nach möglichen Erklärungen für das Wahlergebnis und für die Fehlprognose der Demoskopen gesucht. Es wird sich dabei hauptsächlich des sozialpsychologischen Erklärungsmodells bedient und vor allem auf das Zusammenwirken von längerfristigen Parteibindungen, Kandidatenorientierungen und der den Parteien zugewiesenen Lösungskompetenzen auf wichtigen Problemfeldern eingegangen.

Paul Michael Lützeler: Brüssel oder Rom? Schriftsteller und Europäische Union (24. Juni 2006 vorm.)

Die EU wird im kommenden Jahr fünfzig Jahre alt. Ihre Kritiker kommen vornehmlich aus den Reihen der Schriftsteller. Im Zentrum des Vortrags stehen drei exemplarische essayistische Arbeiten deutschsprachiger Autoren, die sich mit dem Thema der Europäischen Union bzw. ihrer Vorläufer-Organisationen, der EWG und der EG, beschäftigen. Diese Stellungnahmen erschienen 1957 im Gründungsjahr der EWG, 1987 nach dem Ratifizieren der Einheitlichen Europäischen Akte über die Vollendung des Binnenmarktes und 2005 nach der sog. Osterweiterung der EU. Es handelt sich um die Essays „Europa als Lebensform" (1957) von Reinhold Schneider, den visionären Epilog über die Europäische Gemeinschaft im Jahr 2006 in Hans Magnus Enzensbergers „Ach Europa!" (1987) und um Adolf Muschgs „Was ist europäisch?" (2005). In allen drei Beiträgen wird gefragt, ob man Europa bauen kann, wenn man so einseitig die wirtschaftliche Integration betont, wie dies bei der EWG/EG/EU der Fall war und ist. Reinhold Schneider befürchtet, dass durch die Favorisierung von „Euromarkt" und „Euratom" die Komplexität des europäischen Zusammenhalts aus den Augen verloren wird. Die europäische freiheitliche „Lebensform" basiere auf dem Widerstreit von Macht und Geist, Glauben und Denken, Fremdem und Eigenem. In der Logik des Wirtschaftlichen liege der freie Markt an sich, nicht jedoch der Schutz und die Entwicklung der europäischen Lebensform. Vergleichbar ablehnend argumentiert Enzensberger, der Brüssel gar als Zerstörer, nicht als Garant europäischer Errungenschaften wie kulturelle Vielfalt und Demokratie versteht. Für die Zeit nach 1992 sagt Enzensberger einen zunehmenden Widerstand gegen das Projekt Brüssel in der europäischen Bevölkerung voraus. Adolf Muschg teilt die Sorgen der beiden anderen Europa-Essayisten. Die Europäische Union werde angesichts eines Globalisierung anstrebenden freien Marktes bald überflüssig werden, wenn sie sich nicht vor allem als kulturell fundiertes Einheitswerk begreife. Die Autoren erinnern an die antiken Grundlagen der europäischen Kultur, die mit den Namen der Städte Rom, Athen und Jerusalem verbunden werden.

Helwig Schmidt-Glintzer: Sinologie und das Interesse an China (3. November 2006 vorm.)

Die Frage, was heute „Sinologie" bedeuten und wie die wissenschaftliche Beschäftigung mit China organisiert werden kann, wird vor dem Hintergrund der Geschichte der Beschäftigung mit China in Europa erörtert. Beginnend mit der „Jesuitensinologie" und unter Berücksichtigung des Perspektivwechsels von dem vorbildlichen zum „ewig stillstehenden" China, wird die Kontinuität des europäischen Selbstbezugs bei aller Beschäftigung mit China herausgearbeitet.

Dabei kommt auch zur Sprache, dass das europäische Chinabild in entscheidendem Maße mit dem Selbstbild der jeweiligen Eliten Chinas korrespondierte. Die Definition dessen, was China und chinesische Kultur ist, ist also nicht in erster Linie ein europäisches Projekt, sondern mit der Selbstauslegung Chinas untrennbar verknüpft. Und doch hat es ganz verschiedene Blickrichtungen auf China und seine Kultur gegeben. In einer solchen Tradition der „Einäugigkeit" steht bis heute die Beschäftigung mit China insbesondere dort, wo nicht der „sinologische Blick" einbezogen wird. Aufgabe einer zukünftigen Sinologie muss es daher sein, die Tiefenstrukturen Chinas zu thematisieren, und zwar durchaus aus europäischer Perspektive, zugleich aber im Gespräch mit einer großen Zahl chinesischer Akademiker. Ob die Sinologie dann eine „überforderte Disziplin" im Sinne der neueren Debatte ist, hängt weniger von ihren Fragestellungen, sondern von ihrer Organisation und den sich ihr zur Verfügung stellenden Personen ab. Das heißt, sie darf sich nicht auf Philologie reduzieren lassen und muss sich zugleich dafür einsetzen, dass sich andere wissenschaftliche Disziplinen mit China beschäftigen, wie dies bis ins 18. Jahrhundert selbstverständlich war.

Der Zugang zur chinesischen Kultur der Gegenwart ist daher die erste Voraussetzung für jede Beschäftigung mit China, doch wird nur derjenige zu fundierter Erkenntnisgewinnung und zu einem ebenbürtigen Gespräch mit seinen chinesischen Partnern in der Lage sein, dem der Zugang zu den vielfältigen kulturellen Überlieferungen, die nach wie vor eine zentrale Rolle spielen, nicht verschlossen ist.

Michel Eichelbaum: Vom Gen zum Patienten: Auf dem Weg zu einer individualisierten Arzneimitteltherapie (4. November 2006 vorm.)

In den vergangenen 30 bis 40 Jahren sind eine Fülle neuer Arzneimittel entwickelt worden, die erstmals die wirksame medikamentöse Therapie einer Vielzahl von zuvor nicht behandelbarer Krankheiten wie Bluthochdruck, Depression, Schizophrenie, Leukämie und bestimmte Krebsarten ermöglichen.

Trotz dieser großen Fortschritte sind mangelnde Wirksamkeit oder unerwünschte Arzneimittelwirkungen dieser Medikamente bei einem erheblichen Teil der damit behandelten Patienten ein ungelöstes Problem. Darüber hinaus steht für eine Vielzahl von Krankheiten wie z. B. der Alzheimer'schen Erkrankung und die meisten Krebserkrankungen keine wirksame medikamentöse Therapie zur Verfügung. Die in 2001 erfolgte Sequenzierung des menschlichen Genoms gibt Anlass zu der Hoffnung, diese Probleme der Arzneimitteltherapie zumindest teilweise lösen zu können. Mit Hilfe der im Humangenomprojekt generierten Daten wird man krankheitsrelevante Gene identifizieren und therapeutische Ziele für neu zu entwickelnde Arzneimittel definieren können.

Obwohl bereits vor 50 Jahren erstmals erkannt wurde, dass Erbfaktoren die Wirksamkeit von Arzneimitteln beeinflussen und auch für schwere Nebenwirkungen verantwortlich sind, ist es erst mit den nun vorliegenden genomischen Daten möglich, die molekulargenetische Grundlage dieser erblichen Unterschiede aufzuklären. Diese Daten erlauben es, die Gene und deren Mutationen zu identifizieren, die für die interindividuellen Unterschiede von Arzneimittelwirkungen bzw. Nebenwirkungen verantwortlich sind. Auf dieser Grundlage ist es möglich, das für den einzelnen Patienten am besten geeignete Medikament und die für den optimalen Therapieeffekt optimale

Dosis auswählen zu können. Im Falle schwerwiegender Arzneimittelnebenwirkungen können bestimmte Genkonstellationen identifiziert werden, die es erlauben, vor Beginn der Therapie Risikopatienten zu identifizieren und von der Behandlung mit dem Arzneimittel auszuschließen. Durch diese Strategie kann die Arzneimitteltherapie zukünftig effektiver und sicherer gestaltet werden.

Colloquia, Symposien und Ausstellungen

17. Januar	Freiheit und Verantwortung (Veranstaltungsreihe in Zusammenarbeit mit dem Landtag Rheinland-Pfalz)
17. Februar	Symposium „Zukunftsfragen der Gesellschaft" Freiheit und Gleichheit in der Demokratie (Veranstaltungsreihe in Zusammenarbeit mit dem Landtag Rheinland-Pfalz)
10./11. März	Symposium „Versorgungsforschung als Instrument zur Gesundheitssystementwicklung
20. April	Buchpräsentation: J. F. Böhmer, Regesta Imperii, I. Die Regesten des Kaiserreichs unter den Karolingern 751–918 (926/962), Band 3, Teil 3, Herbert Zielinski
21. April	„Colloquia Academica" Akademievorträge junger Wissenschaftler
27. Mai	Symposion „Horizonte" auf Einladung von Hrn. Ernst Mutschler aus Anlass seines 75. Geburtstages
13. Juni	Musik im Landtag (Joseph Haydn Schottische Lieder)
30. Juni/1. Juli	Symposion „Medizingeschichte in Forschung und Lehre: aktuelle Perspektiven"
3. Juli	Verleihung des Orient- und Okzident-Preises an Ieoh Ming Pei
22. September	Verleihung des Joseph-Breitbach-Preises in Koblenz
24. Oktober	Literatur im Landtag (Heinrich Heine 1797–1856)
2. Nov.–15. Dez.	Ausstellung des Künstlers Michael Morgner mit Bildern und Graphiken zum Thema „Narben" anlässlich der Jahresfeier der Akademie
3. Nov.–31. März 2007	Skulpturenausstellung im Innenhof der Akademie: Alexander Simon, Sandsteinskulpturen und Stahl
16.–18. November	Kolloquium „Digitale Medien und Musikedition" (Ausschuss für musikwissenschaftliche Editionen der Union der deutschen Akademien der Wissenschaften)
27. November	Verleihung des Akademiepreises des Landes Rheinland-Pfalz

AKADEMIEPREIS DES LANDES RHEINLAND-PFALZ

Belcanto – Ein Ideal

Vortrag anlässlich der Verleihung am 27.11.2006

Claudia Eder, Hochschule für Musik Mainz

Gesangsstile, wie etwa der veristische Gesang der Opern Puccinis und Verdis, werden heutzutage mit großer Selbstverständlichkeit „Belcanto" genannt. Lyrischer Operngesang italienischer Komponisten des 19. und beginnenden 20. Jahrhunderts, der sich auf die Ausgeglichenheit der Stimme und eine schöne Tongebung reduziert, verbunden mit lyrisch-breiten Legatobögen steht jedoch in denkbar größtem Widerspruch zur Ästhetik des wahrhaft klassischen Belcanto.

Diese begriffliche Falschmünzerei zeugt von jener Gleichsetzung, die Theodor W. Adorno als fetischistisch verstand, und von einem „ästhetischen laisser-faire, das die technisch genaue Beschreibung des Singevorgangs scheut".

Jürgen Kesting in seinem Buch „Die großen Sänger" beschreibt den Begriff „belcanto" als abgenutzt, „Der Begriff", so Kesting weiter, „längst nicht mehr definiert, ist zum bloßen Etikett geworden und strolcht durch die Werbe-Texte über Sänger, die weniger Erben sind – als Konkursverwalter. Ob Benjamino Gigli oder Mario Lanza, Mario del Monaco oder Franco Corelli, ihnen allen wurde der Titel „Belcantist" angehängt wie heute jedem Schlager singenden Mädchen der Titel des Stars".

Der Terminus „belcanto", gleichbedeutend mit „schönem Gesang", steht hingegen für die gesangliche Kunstfertigkeit und Ästhetik des 17. und 18. Jahrhunderts, wurde aber als solcher erstmals um 1820 von Giovanni Pacini in einem Studienprogramm für Gesangsstudenten verwandt, um die verloren gehende Gesangskultur zu benennen.

Was also ist Belcanto?

Dieser solistische Kunstgesang nimmt bei Caccini, Peri und Monteverdi um 1600 seinen Ausgangspunkt, erreicht mit Scarlatti, dem Erfinder der großen 3-teiligen Arie, und in Händels Kompositionen seinen Höhepunkt und erlebt schließlich in der Zeit Rossinis, Bellinis und Donizettis die letzte Blüte. Verdi, durchaus noch dem Belcanto verpflichtet, wurde von seinen Zeitgenossen scharf kritisiert, vermissten sie doch in seinem Schaffen den echten Belcanto, weil der Maestro ihrer Meinung nach dem Ausdruck zu viel, der Kunst der schön und ebenmäßig geführten Vokallinie viel zu wenig Bedeutung beimaß.

In der Abhandlung von Reynaldo Hahn „Du chant" von 1920 findet sich eine wunderbare Beschreibung dessen, was wir uns unter einer belcantistischen Farbpalette vorzustellen haben: Der Belcanto beruhte „auf einer unendlichen Varietät" von Klängen, dem Willen des Sängers gehorchend, hatten die Töne „nicht nur drei, vier oder fünf verschiedene Farben, sondern mindestens deren zehn, zwanzig, dreißig; die Stimme musste ständig moduliert werden, während man sie sämtliche Farben des Klangprismas streifen ließ".

Grundvoraussetzung für diese Kunst ist die Ausgeglichenheit der Register. Das bedeutet, im Übergangsbereich von Brust- zu Kopfregister die Mischung der stimmgebenden Funktionen zu finden, die den unhörbaren Übergang von einem Register in das andere ermöglicht. Die Kunst der „messa di voce" ist das Tragen und Schwellen der Töne, der „canto sul fiatto" das auf dem Atem singen, die Reinheit der Intonation, und eine weiche, flexible Stimmgebung. Weiter bedarf es eines perfekten Legato, das durch ein „portamento di voce", das Verbinden der Intervalltöne durch unmerkliches Gleiten, erreicht wird, sowie klarer, konzentrierter und müheloser Töne in hoher Lage. Ein gleichmäßiger, schneller Triller gilt als Zeichen einer lockeren Kehle, der unbedingten Voraussetzung für den virtuosen Koloraturgesang mit Verzierungen und Trillern der verschiedensten Arten.

Die Fähigkeit zur virtuos auszierenden Improvisation, sei es spontan, sei es vorbereitet, ist prägnantes Merkmal der Kunst des Belcanto.

Die „messa di voce", die Beherrschung der stufenlosen Mischung der zwei Hauptfunktionen der Kehlkopfmuskulatur, Crycothyreoideus- bzw. Muskulus Vocalis-Aktivität, also die Fähigkeit, diese Funktionen übergangslos zunehmen und wieder abnehmen zu lassen, ist das wichtigste Kriterium der Gesangskunst.

Beim Crescendo erhöht sich der Atemdruck und die Muskulus Vocalis-Aktivität nimmt gegenüber der Crycothyreoideus-Aktivität zu und umgekehrt. Jegliche Unruhe in der Stimme lässt auf eine fehlerhafte Verspannung des Singapparates schließen, die das Erreichen einer fließenden, stufenlosen „messa di voce" unmöglich macht.

Die klassischen Vertreter dieser Gesangskultur waren die Kastraten. Sie verkörpern in der Hochblüte der virtuosen Gesangskunst die eigentlichen Meister des Gesangs des 17. und 18. Jahrhunderts.

Die Länge der „messa di voce" wurde bei den ihnen durch das Verhältnis von Atemvolumen zu Atemverbrauch durch den knabenhaften Kehlkopf und das meist überdimensionale körperliche Volumen (sei es in der Breite oder in der Länge) begünstigt, ist also in dieser Perfektion bei Sängern und Sängerinnen heutzutage kaum zu erreichen. Beliebig lange Zeitspannen hindurch waren sie allein in der Lage, Skalen zu singen und zusätzlich noch einzelne Töne an- und abschwellen zu lassen oder mit Kadenzen und Verzierungen aller Art auszuführen.

Eine kleine Anekdote mag zur Veranschaulichung der enormen Atemkapazität der Kastraten dienen:

Farinelli, der berühmteste Sänger des 18. Jahrhunderts, aus der Schule von Nicola Porpora, sorgte bei seinem Debut, das er 16-jährig an der römischen Oper gab, für eine Sensation durch einen Sieg bei einem Duell, ausgefochten mit dem Trompeter des römischen Teatro Aliberti.

Charles Burney schreibt in seinem Tagebuch: „Dieser Streit schien anfangs freundschaftlich und bloß scherzhaft, bis die Zuschauer begannen, sich auf die eine oder andere Seite zu schlagen. Nachdem sie verschiedene Male Noten ausgehalten hatten, worin jeder die Kraft seiner Lunge zeigte und es dem anderen an glänzender Fertigkeit und Stärke zuvor zu tun suchte, kriegten beide zusammen eine haltende Note und einen Doppeltriller in der Terz, welche sie so lange fortschlugen, unterdess, dass die Zuhörer ängstlich auf den Ausgang warteten, dass beide erschöpft zu sein schienen – der

Trompeter, der ganz atemlos war, gab ihn auch in der Tat auf und dachte, dass sein Nebenbuhler ebenso ermüdet sein würde ... als Farinelli, mit einer lächelnden Miene, um ihm zu zeigen, dass er bisher mit ihm nur gespaßt habe, auf einmal in eben dem Atemzuge, mit neuer Stärke ausbrach und nicht nur die Note schwellend aushielt und trillerte, sondern sich auf die schnellsten und schwersten Läufe einließ, wobei er bloß durch das Zujauchzen der Zuschauer zum Stillschweigen gebracht wurde."

Barocke Kunst will Verwunderung und Erstaunen hervorrufen, wodurch das Interesse am Kunstwerk geweckt wird. Die Oper teilte diese Neigung in einer den Realismus ignorierenden Abstraktheit der Handlung, die von Fabeln und mythologischen Themen bestimmt war und deren phantastische Welt der Götter und antiken Helden als utopischer Gegenentwurf zur Realität gesucht wurde. Die Musik der barocken Ära war hedonistisch und äußerst virtuos. Sie wollte die gleichen Emotionen erwecken, wie die Dichter, Maler, Bildhauer und Architekten der Zeit. Die Instrumentalisten erklärten die menschliche Stimme zu ihrem Vorbild, sie inspirierten sich gegenseitig in Phantasie und virtuoser Technik. Daraus entstand eine konkurrierend ausgerichtete, zu immer kühneren Mitteln greifende Steigerung von Improvisationen, Verzierungen, Ornamenten und Passagen. Aus dem Bedürfnis nach Vermittlung und Darstellung menschlicher Gefühle, entwickelten sich zwei stilistisch unterschiedliche Richtungen: der „stile spianato", d. h. Melodien weitgehend ohne Vokalisen und Ornamente, und der „stile fiorito", dessen Melodien Vokalisen, reiche Ornamentik und „passaggi di agilità" einschließen. Die Virtuosität diente nun nicht mehr alleine nur etwa zur Imitation der Natur in stilisierten Bildern, sondern auch der Wiedergabe von Empfindungen und Leidenschaften.

Erklärtes Ziel – ob mittels des Ausdrucks oder dem Wagnis der Virtuosität – war die „poetica della meraviglia", d. h. die Summe der Affekte, die die Reaktion einer sinnlichen Wahrnehmung auszulösen vermochten.

So wie sich das musikalische Ideal vom reinen Opernsprechgesang, der Monodie, zu der kunstvoll verzierten Form von Rezitativ und da-capo-Arie entwickelte, die sich in der Künstlichkeit immer mehr vom Ausgangspunkt des Ideals der an die Sprache angelehnten Musik entfernte und verselbstständigte, bis sie teilweise der Textverständlichkeit völlig entbehrte, so waren, der Ästhetik des Barock entsprechend, die Kastratenstimmen in ihrer Einzigartigkeit und in ihrem die Möglichkeiten des natürlichen Menschen transzendierenden Charakters die idealen Vertreter, das Heroentum, verbunden mit der Vorstellung „ewiger göttlicher Jugend". Gleichzeitig ging damit eine Ablehnung der weniger seltenen Stimmen, des baritonalen Tenors, des Mezzosoprans und des Basses einher, sie galten als „vulgär" und wurden allenfalls für die Darstellung von Nebenbuhlern, oder in Charakter- und komischen Rollen eingesetzt.

Die musikalische Kompetenz von Sängern und Instrumentalisten im barocken Musikbetrieb wurde wesentlich an ihrer Virtuosität, ihrer Improvisations- und Verzierungskunst gemessen. Besonders geschätzt waren Sänger, die sich je nach Stimmungslage, jeden Abend neue Variationen haben einfallen lassen – Oper wurde zum gesellschaftlichen Ereignis, das sich jedes Mal in anderer Form präsentierte.

In der nicht vorhersehbaren Variation durch den Sänger lag die Spannung für das Überraschungen liebende Publikum. Die da-capo-Arien boten für die Opernstars von damals breiten Spielraum zur Demonstration ihrer außerordentlichen Kehlfertigkeit.

In Händels Opernschaffen finden wir sämtliche vokalen Aspekte der ersten Hälfte des 18. Jahrhunderts. Nicht nur, weil er zu einer einzigartigen formalen Vielfalt gelangte, sondern vor allem, weil uns alle Partituren Händels zugänglich sind und somit unverfälscht die vokalen Entwicklungen nachvollzogen werden können.

Seine Kompositionen vermitteln uns einen unmittelbaren Eindruck der Gesangskunst der damaligen Zeit. Die zahlreichen italienischen Sänger, insbesondere die Kastraten, die vor allem in Italien aufgrund eines kirchlichen Dekrets „geschaffen" wurden, trugen Händel die neuesten Moden sowie die neuesten virtuosen und expressiven Errungenschaften zu. So enthalten seine Opern die Gesamtheit aller Vokalstile, die von 1710 bis 1740 in Mode kamen.

Christoph W. Gluck, der große Opernreformer, machte der eitlen Selbstdarstellung der Sänger ein Ende und verlangte nach szenischer Wirklichkeit und musikalischer Wahrhaftigkeit. Mit seinen Opern „Orpheus", „Alceste", „Armide" und „Iphigenie" entstanden Werke, in denen diese Reform realisiert wurde. Damit begann der Sänger seine eigenschöpferische Stellung zu verlieren.

Unter der Devise „Einfachheit und Natürlichkeit" schuf er mit der durchdramatisierten Oper einen neuen, gültigen Operntypus, der sich den Ideen des Menschseins verschrieb, und alle musikalischen und damit auch stimmlichen Mittel in den Dienst der dramatischen Aussage stellte.

Bei Mozart, der alle Elemente der barocken Oper, der Opera seria, in seinen Opern anwendet, gelangt die Gesangskunst zu größerer Natürlichkeit. Es verbinden sich sprachlicher Ausdruck mit wunderbar ariosen Melodiebögen und virtuoser Koloratur.

Gioacchino Rossini, selbst Sänger und noch ganz der Tradition des Belcanto verpflichtet, gilt ebenfalls als Reformer. Er schrieb in seinen Werken Koloraturen und Verzierungen aus, um den Sängern die Möglichkeit zu nehmen, zu improvisieren oder Passagen, Ornamente und Kadenzen hinzuzufügen. Sein Gesangsideal sah er dennoch in den Kastraten verkörpert, klangliche Schönheit und makellose Ausführung virtuoser Stellen gehörten in Rossinis Gesangskonzeption unabdingbar zum ausdrucksvollen Vortrag.

In Rossinis 1837 in Neapel aufgeführter Oper „Guillaume Tell" erklang erstmals das „Do in petto", das hohe C des Tenors, das Gilbert Louis Duprez nicht mehr wie bisher im Falsett, sondern zum Entsetzen von Rossini, mit voller Stimme sang. Rossini bemerkte dazu: „Was für ein Geräusch macht ein Kapaun, wenn man ihm den Hals umdreht?" Dieser „seismologische Schock" so Celletti, sollte aber im Laufe der romantischen Epoche entscheidend zur Bildung des „Tenor-Mythos" beitragen.

Rossini, der nach „Guillaume Tell" keine weiteren Opern mehr komponiert hat, lehnte diese Art der Tongebung radikal ab, wie auch jegliche Art von romantischem Gesang. Auch verhinderte der Code Napoleon von 1804 die Kastration von Knaben, was zu einem Mangel an Sängernachwuchs führte, der seinem Gesangideal entsprochen hätte. So entschied er sich wohl, sich eher der Kochkunst zuzuwenden als weiterhin Opern zu komponieren.

Mit Manuel Garcias „Traité complet de l'art du chant" von 1847 ist uns ein Dokument überliefert, das sich erstmals mit den physiologischen Gegebenheiten, dem Aufbau und der Funktion der menschlichen Stimme beschäftigt. Dazu erfand Garcia das Laryngoskop und wurde für diese Erfindung von der Königsberger Universität mit der Ehrendoktorwürde ausgezeichnet.

Garcias Vater, der bei der Uraufführung von Rossinis „Il Barbiere di Siviglia" die Partie des Conte Almaviva sang, machte ihn mit der Gesangstradition Rossinis und damit dem gesamten Spektrum des Belcanto vertraut.

Als Kind zweier erster Sänger und neben seinen weltberühmten Schwestern Maria-Felicia Malibran und Pauline Viardot-Garcia gab Garcia jr. nach stimmlichen Problemen seine sängerische Karriere auf.

Ab ungefähr 1830 widmete er sich vollständig der Erforschung der menschlichen Stimme. Er experimentierte mit ausseziierten Schafs-, Hühner- und Kuhkehlköpfen, indem er durch diese mit einem Blasebalg Luft hindurch blies, um so zu erkennen, wie ein Ton im Kehlkopf erzeugt wird. Seine Forschungen, verbunden mit systematischen gesangstechnischen Anweisungen und stilistischen Aspekten für den perfekten Vortrag, dienen noch heute als Quelle für die Entwicklung der Gesangskunst.

Im 19. Jahrhundert wandeln sich die Klangästhetik und damit auch das Ideal des Belcantogesangs. Die dramatische Art des Singens hoher Töne war zur damaligen Zeit neu. Sie hat die Gesangskunst nachhaltig beeinflusst und wurde für alle nachfolgenden Generationen von Tenören, vor allem im italienischen Fach, zur uneingeschränkten Voraussetzung.

Dank sei Duprez: man stelle sich heute einen Manrico, Carlos, Pinkerton, Kalaf oder Stolzing, Lohengrin und all die anderen falsettierend vor.

Auch die Soprane, um das Gleichgewicht wieder herzustellen, strebten nach einem volleren Klang in den oberen Extremlagen. Gleichzeitig wirkte sich die Kraft, mit der die Sänger die Höhe bei voller Stimme zu erreichen suchten, negativ auf die Flexibilität, die „agilità" und die Reinheit des legato aus, und ein neuer „atletismo vocale" trat an die Stelle des Virtuosentums.

Mit dem Versimo entfernte sich der Vokalstil immer mehr vom Ideal des Belcanto und gab großer Expressivität und dramatischer Attacke Raum.

Dennoch ging vom Verismo eine lebendige, ansteckende Kraft aus, die sich allerdings, wie Rodolfo Celleti bemerkt, „verheerend auf das Musiktheater nach dem 2. Weltkrieg bis ungefähr in die Mitte der Sechziger Jahre auswirkte".

Schließlich war es Maria Callas, die eine Wende einleitete. Mit ihrer Kunst der anlaytischen Phrasierung, ihren Farb- und Akzentabstufungen und ihres Spiels mit Hell-Dunkel Effekten und der Rückkehr zu echter Virtuosität und Expressivität in den Koloraturen war das Ideal des Belcanto wieder in das Bewusstsein der Interpreten gerückt.

Doch vor allem die Wiederbelebung der barocken Literatur in Oper und Konzert, die in den letzten 30 Jahren stattfand und durch Dirigenten wie Nikolaus Harnoncourt, René Jakobs, Gardiner, Minkovski, Wiliam Christie bis Norrigton neue Dimensionen der Interpretation eröffnete, brachte eine Rückbesinnung auf die Qualität des Singens der Zeit des Belcanto. Diese Strömung trägt zu einer erheblichen Sensibilisierung sämtlicher Epochen vom 16. Jahrhundert bis zu den Werken zeitgenössischer Komponisten bei. Sie fordert von den Interpreten wie auch den Pädagogen analytischen Umgang und fundierte Kenntnisse der historischen Gegebenheiten. Die Verpflichtung zu Authentizität und Werktreue sind heute wieder zentrale Kategorien der musikalischen Interpretation – und dies gilt nicht nur für Spezial-Ensembles. – Auch Aufführungen an durchschnittlichen Opernhäusern und damit Dirigenten, Opernsänger und Orchestermusiker haben sich den Anforderungen historischer Aufführungspraxis zu stellen.

Michael Hofstetter, ehemals Professor an unserer Hochschule, jetzt unter vielen anderen Verpflichtungen auch Leiter der Ludwigsburger Festspiele, sagte, als er zu seiner Konzeption für die Festspiele befragt wurde, er wolle neben unbekannten barocken und klassischen Opern auch Verdi und Puccini aufführen, diese aber in originalem Klang, also auf Originalinstrumenten und mit Sängern, die endlich nicht mehr brüllen! Mit diesem Anspruch, der eine Veränderung der Hörgewohnheiten impliziert, rücken auch die Hauptmerkmale des belcantistischen Gesangsideals wieder in den Vordergrund, die Ausgeglichenheit der Stimme und der Register, die „messa di voce", die vollendete Atemführung, „portare la voce", ausgesprochene Koloraturfähigkeit und der „schöne Ton". Sie sind wieder unabdingbare Voraussetzungen, um in dem Beruf des Sängers zu reüssieren.

Die Ausbildung der Sänger war in der Zeit des Belcanto deutlich fundierter. Sie betrug zwischen sechs und zwölf Jahren, ist also mit heutigen Studienzeiten und -Inhalten nicht vergleichbar. Gleichwohl fordert die Renaissance der Barock-Opern von Monteverdi bis Händel eine Gesangskultur, die perfekten Stil, Technik und Virtuosität, gepaart mit Ausdruckvermögen und dramatischer Kraft verlangt. Mit dieser Entwicklung geht eine Sensibilisierung einher, die auch auf die Interpretation von Werken späterer Epochen wirkt.

Das goldene Zeitalter des Belcanto ist also durchaus wieder Gegenwart geworden.

VERLEIHUNG DER LEIBNIZ-MEDAILLE

an Herrn Professor Dr. Jürgen Zöllner

Mit der Zuerkennung der Leibniz-Medaille an Herrn Staatsminister Professor Dr. Zöllner möchte die Akademie ihrem vielfältigen Dank gegenüber dem Wissenschaftler wie dem Politiker Jürgen Zöllner Ausdruck verleihen. Herr Zöllner hat gegenüber allen Bestrebungen und Unternehmungen der Akademie immer ein großes wissenschaftliches Interesse zum Ausdruck gebracht. Als Politiker hat er die Akademie im Rahmen seiner Möglichkeiten immer mit besonderer Aufmerksamkeit gefördert. Er war sich immer bewusst, dass die Akademie ein zentraler Ort geisteswissenschaftlicher Grundlagenforschung ist, zugleich aber auch die Naturwissenschaften wie die Literatur in diesem Rahmen Förderung verdienen. Die Bemühungen der Akademie, in Verbindung mit den Universitäten des Landes sich in besonderer Weise der Pflege des wissenschaftlichen Nachwuchses zu widmen, hat Herr Zöllner stets wirkungsvoll unterstützt. So ist der Akademiepreis des Landes Rheinland-Pfalz, der exzellente Lehre und Forschung an den Universitäten auszeichnen soll, mit seiner tatkräftigen Hilfe begründet worden. Die *Colloquia Academica* erfahren durch ihn die Unterstützung des Landes Rheinland-Pfalz. Die stete Bereitschaft von Herrn Zöllner, die wissenschaftlichen Bestrebungen der Akademie zu fördern, hat einen fruchtbaren Dialog der Akademie mit der politischen Ebene ermöglicht und vorangebracht.

Dafür dankt die Akademie Herrn Zöllner mit der Verleihung der höchsten Auszeichnung, die sie zu vergeben hat.

Academia fautori gratias agit plurimas.

Mainz, den 3. November 2006

VERLEIHUNG DES WALTER-KALKHOF-ROSE-GEDÄCHTNISPREISES ZUR FÖRDERUNG DES WISSENSCHAFTLICHEN NACHWUCHSES

an Herrn PD Dr. Miloš Vec

Herr Dr. Miloš Vec erhält den Walter Kalkhof-Rose Gedächtnispreis 2006 für seine exzellenten rechtshistorischen Forschungen. Seine Arbeiten zeigen in eindrucksvoller Weise sowohl am Beispiel des Zeremonialrechtes als auch der Normierungen zu Zeiten der industriellen Revolution wie Regeln verbindlich und zu Recht transformiert werden können. Vecs besondere Aufmerksamkeit gilt in seinem außergewöhnlich umfangreichen Oeuvre den leicht übersehenen, aber ethisch, soziologisch oder rechtssoziologisch signifikanten Details. Seine innovativen Analysen stoßen zu grundsätzlichen und generellen neuen Erkenntnissen vor. Sie leisten dadurch – ausgehend von der Rechtshistorie – einen originellen Beitrag zum Verständnis der modernen Welt.

Mainz, den 3. November 2006

VERLEIHUNG DES FÖRDERPREISES BIODIVERSITÄT

an Frau Dipl.-Biol. Claudia Koch

in Anerkennung ihrer besonderen Leistung in der Diplomarbeit „Die Reptilien und Amphibien zweier ausgewählter Gebiete des Tumbesischen Trockenwaldes in Nordperu".

In einer außergewöhnlich gründlichen Untersuchung hat Claudia Koch für zwei Gebiete eines Trockenwaldes in der Neotropis 25 Arten der Herpetofauna (4 Arten der Amphibien und 21 Arten der Reptilien) hinsichtlich ihrer Taxonomie, Morphologie, Diversität, Verbreitung und Lebensweise behandelt. Dies ist ein wichtiger Beitrag für die Erforschung tropischer Diversität. Bemerkenswert ist, dass drei neue Gecko-Arten entdeckt wurden (darunter ist der zweitgrößte Gecko Südamerikas!).

Ihre Leistungen würdigt die Akademie der Wissenschaften und der Literatur, Mainz, mit der Verleihung des Biodiversitätspreises 2006.

Mainz, den 3. November 2006

FESTVORTRAG ANLÄSSLICH DER JAHRESFEIER 2006

Albert v. Schirnding

Überwindung der Synthese. Zu Thomas Manns politischer Essayistik zwischen den Kriegen

Kurzfassung[*]

Die Wandlung vom „Saulus" des antidemokratischen Verfassers der „Betrachtungen eines Unpolitischen" (1918) zum „Paulus" eines entschiedenen Verteidigers der Weimarer Republik lässt Thomas Manns politisches Engagement erst in seiner vollen Bedeutung erscheinen. Wenn er in einer 1924 gehaltenen Rede über Nietzsche dessen „Heldentum" als „Selbstüberwindung" bezeichnet, so ist das auch im Hinblick auf die eigene Person gesagt. Diese „Selbstüberwindung" kann als ein Prozess beschrieben werden, der zunächst die in den „Betrachtungen" verfochtene deutsch-nationale Position mit der ihr entgegengesetzten westlichen Zivilisation durch *Synthese*-Forderungen zu verbinden sucht. So dient etwa in der Rede „Von deutscher Republik" (1922) die Romantik, namentlich Novalis, als ein Stichwortgeber für eine demokratische und übernationale Zukunft Deutschlands, das als „Land der Mitte" innenpolitisch den Ausgleich von Freiheit und Gleichheit, außenpolitisch den von Patriotismus und Kosmopolitismus ermöglichen soll. Der wahrscheinlich von Thomas Mann geprägte Begriff der „Konservativen Revolution", der bald von der Rechten okkupiert werden sollte, drückt diese Sehnsucht nach Synthese deutlich aus.

Unter dem Eindruck des sich formierenden und an die Macht drängenden Nationalsozialismus – schon 1923 bezeichnet Thomas Mann noch vor dem Novemberputsch München als „die Stadt Hitlers" – wendet sich der Autor unzähliger der „Forderung des Tages" entsprechender Reden, Aufsätze, Artikel immer mehr von seinen politischen Synthese-Versuchen ab und befreit sich so auch aus dem selbstgeknüpften Netz antithetischer, ambivalent besetzter Begriffe, die seine Wahrnehmung aktueller Realitäten bestimmt und bis zu einem gewissen Grade verzerrt haben. Der Repräsentant einer die Gegensätze der zerrissenen Zeit versöhnenden Mitte wird angesichts der nationalsozialistischen Gefahr zum Kämpfer für die Sache der Vernunft gegen die „faschistischen Überwinder der Humanitätsidee".

---

[*] Der Festvortrag erscheint ausführlich in den Abhandlungen der Klasse der Literatur.

Mitglieder

Die ordentlichen Mitglieder sind durch Sternchen (*) gekennzeichnet,
[…] = Jahr der Zuwahl

*Anderl, Dr.-Ing. Reiner, Professor (geb. 24.6.1955 in Ludwigshafen/Rhein); DiK, TU Darmstadt, Petersenstraße 30, 64287 Darmstadt, Tel. 0 61 51/16 60 01, Fax 0 61 51/16 68 54, e-mail anderl@dik.tu-darmstadt.de, www.dik.maschinenbau.tu-darmstadt.de, privat: Schwalbenweg 6, 64625 Bensheim, Tel. 0 62 51/78 76 06, Rechnerintegrierte Produktentwicklung; [2006]

*Andreae, Dr. phil. Bernard, Professor (geb. 27.7.1930 in Graz); Via del Monte della Farina 30, 00187 Rom, Italien, Tel./Fax 00 39 06/6 87 71 99, e-mail bernardandreae@gmx.net, Archäologie; [1980]

Arf, Dr. Cahit, Professor (geb. 11.10.1910 in Salanoki/TR); Matematik Enstitüsü, Kücükbebek, Caddesi, Basaren Apt. No: 8, Istanbul, Türkei, Zahlentheorie; [1955]

*Ax, Dr. rer. nat. Peter, em. o. Professor (geb. 29.3.1927 in Hamburg); Institut für Zoologie und Anthropologie, Georg-August-Universität, Berliner Straße 28, 37073 Göttingen, Tel. 05 51/39 54 64, Fax 05 51/39 54 48, privat: Gervinusstraße 3a, 37085 Göttingen, Tel. 05 51/4 33 59, Zoologie; [1969]

*Baasner, Dr. phil. Frank, Professor (geb. 22.2.1957 in Bad Dürkheim); Direktor des Deutsch-Französischen Instituts, Asperger Straße 34, 71634 Ludwigsburg, Tel. 0 71 41/9 30 30, Fax 0 71 41/93 03 50, e-mail baasner@dfi.de, www. dfi.de, privat: Mühlehof 16, 72119 Ammerbuch, Tel. 0 70 73/33 85, Romanistische Literaturwissenschaft; [2003]

*Barthlott, Dr. rer. nat. Wilhelm, o. Professor (geb. 22.6.1946 in Forst/Baden); Rheinische Friedrich-Wilhelms-Universität, Nees-Institut für Biodiversität der Pflanzen, Meckenheimer Allee 170, 53115 Bonn, Tel. 02 28/73 25 26, Fax 02 28/73 31 20, e-mail barthlott@uni-bonn.de, www.nees.uni-bonn.de, privat: Trierer Str. 145, 53115 Bonn, Botanik; [1990]

Baumgärtner, Dr. rer. nat. Franz, em. o. Professor (geb. 3.5.1929 in München); Institut für Radiochemie der Technischen Universität München, privat: Grosostraße 10d, 82166 Gräfelfing, Tel. 0 89/85 13 47, Fax 0 89/8 54 44 87, e-mail bgtbgt@web.de, Radiochemie; [1977]

Bazin, Dr. phil. Louis, Professor (geb. 29.12.1920 in Caën/Calvados); Institut d'Etudes Turques, 13, rue de Santeuil, 75231 Paris Cedex 05, Frankreich, Tel. 0 03 31/1-45 87 40 72, privat: 77, quai du Port-au-Fouarre, 94100 Saint-Maur, Frankreich, Turkologie; [1961]

*Becker, Jürgen (geb. 10.7.1932 in Köln); Am Klausenberg 84, 51109 Köln, Literatur; [1984]

Belentschikow, Dr. phil. habil. Renate, Professorin (geb. 14.4.1955 in Berlin); Institut für fremdsprachliche Philologien, Otto-von-Guericke-Universität, Zschokkestraße 32, 39104 Magdeburg, Tel. 03 91/6 71 65 55, Fax 03 91/6 71 65 53, e-mail renate.belentschikow@gse-w.uni-magdeburg.de, privat: Renneweg 25 A, 39130 Magdeburg, Tel. 03 91/7 44 97 53, Fax 03 91/7 44 97 22, Slavistische Linguistik; [2002]

Belmonte, Dr. med. Ph.D. Carlos, Professor & Director (geb. 24.10.1943 in Albacete/E); Instituto de Neurociencias, Universidad Miguel Hernández and Consejo Superior de Investigaciones Científicas, Apdo. 18, 03550 San Juan de Alicante, Alicante, Spain, Tel. 0 34/9 65 91 95 30, 0 34/9 65 91 95 45, Fax 0 34/9 65 91 95 47, e-mail carlos.belmonte@umh.es, privat: Tel. 0 34/9 65 94 30 36, Neurophysiologie; [2000]

*Bender, Dr. h.c. Hans, Professor (geb. 1.7.1919 in Mühlhausen/Heidelberg); Taubengasse 11, 50676 Köln, Tel. 02 21/23 01 31, Literatur; [1965]

*Binder, Dr. rer. nat., Dr. h.c. Kurt, o. Professor (geb. 10.2.1944 in Korneuburg/A); Universität Mainz, Institut für Physik, Staudingerweg 7, 55099 Mainz, Tel. 0 61 31/3 92 33 48, Fax 0 61 31/3 92 54 41, e-mail kurt.binder@uni-mainz.de, privat: Pariser Str. 18, 55268 Nieder-Olm, Tel. 0 61 36/21 54, Theoretische Physik kondensierter Materie; [2002]

*Birbaumer, Dr. rer. nat. Niels-Peter, Professor (geb. 11.5.1945 in Ottau/CZ); Institut für Medizinische Psychologie und Verhaltensneurobiologie, Gartenstr. 29, 72074 Tübingen, Tel. 0 70 71/2 97 42 19, Fax 0 70 71/29 59 56, e-mail niels.birbaumer@uni-tuebingen.de, Psychologie; [1993]

*Bleckmann, Dr. rer. nat. Horst, o. Professor (geb. 2.11.1948 in Rietberg); Universität Bonn, Institut für Zoologie, Poppelsdorfer Schloß, 53115 Bonn, Tel. 02 28/73 54 53, Fax 02 28/73 54 58, e-mail bleckmann@uni-bonn.de, privat: Wilde Straße 28, 53347 Alfter, Tel. 02 28/6 42 05 06, Zoologie, Neurobiologie, Sinnesökologie; [2002]

*Bock, Dr. rer. nat., Dr. rer. nat. h.c. Hans, Professor (geb. 5.10.1928 in Hamburg); Rombergweg 1a, 61462 Königstein, Tel. 0 61 74/93 10 16, Anorganische Chemie; [1984]

Böhner, Dr. phil., Dr. h.c. Kurt, Professor (geb. 29.11.1914 in Halberstadt); Generaldirektor des Römisch-Germanischen Zentralmuseums i. R., privat: Am Holderstock 21, 91725 Ehingen, Tel. 0 98 35/3 09, Prähistorische Archäologie; [1975]

Borbein, Dr. phil. Adolf Heinrich, Universitätsprofessor (geb. 11.10.1936 in Essen); Institut für Klassische Archäologie der Freien Universität Berlin, Otto-von-Simson-Str. 11, 14195 Berlin, Tel. 0 30/83 85 37 12, Fax 0 30/83 85 65 78, e-mail borbein@zedat.fu-berlin.de, privat: Wundtstr. 58/60, 14057 Berlin, Klassische Archäologie; [1998]

*Borchers, Elisabeth (geb. 27.2.1926 in Homberg/Niederrhein); Arndtstraße 17, 60325 Frankfurt, Tel. 0 69/74 63 91, Literatur; [1970]

Brang, Dr. phil. Peter, o. Professor (geb. 23.5.1924 in Frankfurt/M); Bundtstraße 20, 8127 Forch/Zürich, Schweiz, Tel. 0 04 11/9 80 09 50, e-mail peka.brang@ggaweb.ch, Slavische Philologie; [1987]

Braun, Volker (geb. 7.5.1939 in Dresden); Wolfshagener Straße 68, 13187 Berlin, Tel./Fax 0 30/47 53 57 52, Literatur; [1977]

Büchel, Dr. rer. nat., Dr. h.c. mult. Karl Heinz, Professor (geb. 10.12.1931 in Beuel); Dabringhausener Straße 42, 51399 Burscheid, Tel. 0 21 74/6 09 32, Organische Chemie; [1985]

*Buchmann, Dr. rer. nat., Dr. h.c. Johannes, Professor (geb. 20.11.1953 in Köln); TU Darmstadt, FB Informatik, Hochschulstraße 10, 64289 Darmstadt, Tel. 0 61 51/16 34 16, Fax 0 61 51/16 6036, e-mail buchmann@cdc.informatik.tu-darmstadt.de, privat: Heinrich-Delp-Str. 142 A, 64297 Darmstadt, Tel. 0 61 51/53 75 63, Informatik; [2002]

*Carrier, Dr. phil. Martin, Professor (geb. 7.8.1955 in Lüdenscheid); Universität Bielefeld, Fakultät für Geschichtswissenschaft, Philosophie und Theologie, Abteilung Philosophie, Postfach 100131, 33501 Bielefeld (Paketpost: Universitätsstr. 25, 33615 Bielefeld), Tel. 05 21/1 06 45 96, Fax 05 21/1 06 64 41, e-mail mcarrier@philosophie.uni-bielefeld.de, www.philosophie.uni-bielefeld.de/, privat: Tel. 0 52 06/92 09 71, Philosophie; [2003]

Carstensen, Dr. rer. nat. Carsten, Professor (geb. 3.4.1962 in Prisser); Humboldt-Universität zu Berlin, Institut für Mathematik, Unter den Linden 6, 10099 Berlin, Tel. 0 30/20 93 54 89, Fax 0 30/20 93 58 59, e-mail cc@math.hu-berlin.de, www.math.hu-berlin.de/~cc/, privat: Friedländerstr. 65, 12489 Berlin, Tel. 0 30/67 82 47 92, Fax 0 30/67 82 26 18, Mathematik; [2003]

Claußen, Dr. rer. nat. Martin, Professor (geb. 6.11.1955 in Fockbek); Direktor am Max-Planck-Institut für Meteorologie, Universität Hamburg, Bundesstraße 53, 20146 Hamburg, Tel. 0 40/4 11 73-2 25, Fax 0 40/4 11 73-3 50, e-mail claussen@dkrz.de, privat: Schlossgarten 16, 22041 Hamburg, Tel. 0 40/67 10 88 15, Meteorologie, Theoret. Klimatologie; [2004]

*Damm, Dr. phil. Sigrid (geb. 7.12.1940 in Gotha/Thüringen); Brüderstr. 14, 10178 Berlin, Fax 0 30/44 73 03 31, e-mail mail@damm-virtuell.de, Literatur; [2004]

*Danzmann, Dr. rer. nat. Karsten, Professor (geb. 6.2.1955 in Rotenburg/Wümme); Direktor am Institut für Gravitationsphysik, Leibniz Universität Hannover, Callinstraße 38, 30167 Hannover, Tel. 05 11/7 62 22 29, Fax 05 11/7 62 58 61, e-mail office-hannover@aei.mpg.de, http://aei.uni-hannover.de, privat: Auf der Haube 42, 30826 Garbsen, Tel. 0 51 31/5 17 73, e-mail karsten.danzmann@aei.mpg.de, Gravitationsphysik; [2006]

Debus, Dr. phil. Friedhelm, em. o. Professor (geb. 3.2.1932 in Oberdieten); Germanistisches Seminar, Christian-Albrechts-Universität Kiel, 24098 Kiel, (Paketpost: Olshausenstr. 40, 24118 Kiel), Tel. 04 31/8 80 23 10, Fax 04 31/8 80 73 02, privat: Dorfstraße 21, 24241 Schierensee, Tel. 0 43 47/75 05, Deutsche Philologie; [1985]

*Detering, Dr. phil. Heinrich, Professor (geb. 1.11.1959 in Neumünster); Universität Göttingen, Seminar für Deutsche Philologie, Käte-Hamburger-Weg 3, 37073 Göttingen, Tel. 05 51/39 75 28, Fax 05 51/39 75 11, e-mail detering@phil.uni-goettingen.de, privat: Klinkerwisch 20, 24107 Kiel, Tel. 04 31/31 22 29, Neuere Deutsche Literatur und Neuere Skandinavische Literaturen; [2003]

Dhom, Dr. med. Georg, em. o. Professor (geb. 15.5.1922 in Endorf/Rosenheim); Am Webersberg 20, 66424 Homburg, Tel. 0 68 41/38 13, Pathologie; [1976]

Diestelkamp, Dr. iur., Dr. iur. h.c. Bernhard, em. Professor (geb. 6.7.1929 in Magdeburg); Kiefernweg 12, 61476 Kronberg, Tel. 0 61 73/6 35 59, Fax 0 61 73/64 08 19, Bürgerliches Recht, Rechtsgeschichte; [1994]

*Dingel, Dr. phil. theol. habil. Irene, Professorin (geb. 26.4.1956 in Werdohl/Westf.); FB 01, Evangelisch-Theologische Fakultät, Johannes Gutenberg-Universität Mainz, 55099 Mainz, Tel. 0 61 31/3 92 27 49, e-mail dingel@mail.uni-mainz.de, privat: Am Sportplatz 5a, 55270 Ober-Olm, Tel. 0 61 36/85 04 92, Fax 0 61 36/85 04 94, Evangelische Theologie, Kirchen- und Dogmengeschichte; [2000]

*Dittberner, Dr. phil. Hugo (geb. 16.11.1944 in Giboldehausen); Hauptstr. 54, 37589 Echte, Tel. 0 55 53/36 88, Fax 0 55 53/36 48, Literatur; [1993]

*Dorst, Tankred (geb. 19.12.1925 in Thüringen); Karl-Theodor-Straße 102, 80796 München, Literatur; [1982]

*Duchhardt, Dr. phil. Heinz, Professor (geb. 10.11.1943 in Berleburg/Westf.); Direktor am Institut für Europäische Geschichte, Alte Universitätsstraße 19, 55116 Mainz, Tel. 0 61 31/39-3 93 60, Fax 0 61 31/39-3 01 54, e-mail ieg2@inst-euro-history.uni-mainz.de, privat: Backhaushohl 29a, 55128 Mainz, Tel. 0 61 31/36 44 41, Neuere Geschichte; [2001]

Duden, Anne (geb. 1.1.1942 in Oldenburg); 36 Ellesmere Road, London NW 10 1JR, Großbritannien, Tel. 00 44/2 08/2 08 14 21, Literatur; [2000]

Duncan, Dr. rer. nat. Ruth, Professorin (geb. 3.6.1953 in Ihleston/Derbyshire, GB); Centre for Polymer Therapeutics, Welsh School of Pharmacy, Cardiff University, King Edward VII Avenue, Cardiff CF10 3XF, Großbritannien, Tel. 00 44 29/20 87 41 80, Fax 00 44 29/20 87 45 36, e-mail duncanr@cf.ac.uk, privat: Tel. 00 44 29 20/45 32 53, Zellbiologie und Pharmazie; [2000]

Ehlers, Dr. rer. nat. Jürgen, em. Professor (geb. 29.12.1929 in Hamburg); Max-Planck-Institut für Gravitationsphysik, Albert-Einstein-Institut, Am Mühlenberg 1, 14476 Golm, Tel. 03 31/5 67 71 10, Fax 03 31/5 67 72 98, e-mail office@aei.mpg.de, privat: In der Feldmark 15, 14476 Golm, Theoretische Physik; [1979]

Ehrhardt, Dr. rer. nat. Helmut, Professor (geb. 28.4.1927 in Darmstadt); FB Physik der Universität Kaiserslautern, Erwin-Schrödinger-Straße 56, 67663 Kaiserslautern, Tel. 06 31/2 05 23 82, Fax 06 31/2 05 28 34, privat: Spinozastraße 29, 67663 Kaiserslautern, Tel. 06 31/1 74 07, Experimentalphysik; [1992]

Eichelbaum, Dr. med. Michel, Professor (geb. 19.5.1941 in Leipzig); Direktor des Dr. Margarete Fischer-Bosch-Instituts für Klinische Pharmakologie, Auerbachstraße 112, 70376 Stuttgart, Tel. 07 11/81 01 37 00, Fax 07 11/85 92 95, e-mail michel.eichelbaum@ikp-stuttgart.de, privat: Widdumgasse 17, 71711 Murr, Tel. 0 71 44/2 23 63, Klinische Pharmakologie; [2003]

Eichinger, Dr. phil. Ludwig Maximilian, Professor, (geb. 21.5.1950 in Arnstorf/Niederbayern); Direktor des Instituts für Deutsche Sprache, Postfach 101621, 68016 Mannheim (Paketpost: R 5, 6–13, 68161 Mannheim), Tel. 06 21/15 81-1 26/1 25, Fax 06 21/15 81-2 00, e-mail direktor@ids-mannheim.de, www.ids-mannheim.de, privat: Schopenhauerstr. 12, 68165 Mannheim, Tel. 06 21/4 29 37 91, Deutsche Philologie; [2003]

Falter, Dr. rer. pol. Jürgen, o. Professor (geb. 22.1.1944 in Heppenheim a.d. Bergstr.); Institut für Politikwissenschaft, Johannes Gutenberg-Universität Mainz, 55099 Mainz, Tel. 0 61 31/3 92 26 61, Fax 0 61 31/3 92 29 96, e-mail falter@politik.uni-mainz.de, privat: Auf dem Albansberg 11, 55131 Mainz, Tel. 0 61 31/9 71 98 33, Fax 0 61 31/9 71 98 34, Politikwissenschaft; [2001]

Finscher, Dr. phil. Ludwig, em. o. Professor (geb. 14.3.1930 in Kassel); Am Walde 1, 38302 Wolfenbüttel, Tel. 0 53 31/3 27 13, Fax 0 53 31/3 32 76, Musikwissenschaft; [1981]

Fischer, Dr. Alfred G., Professor (geb. 12.12.1920 in Rothenburg a. d. Fulda); Princeton University, Department of Geological and Geophysical Sciences, Guyot Hall, Princeton/New Jersey 08544, USA, Tel. 0 01-6 09-4 52-41 01, Geologie und Paläontologie; [1982]

*Fleckenstein, Dr. med. Bernhard, o. Professor (geb. 10.8.1944 in Würzburg); Institut für Klinische und Molekulare Virologie der Friedrich-Alexander-Universität Erlangen-Nürnberg, Schloßgarten 4, 91054 Erlangen, Tel. 0 91 31/8 52 35 63, Fax 0 91 31/8 52 21 01, e-mail fleckenstein@viro.med.uni-erlangen.de, www.viro.med.uni-erlangen.de, privat: Tel. 0 91 99/9 31, Virologie; [1995]

Font, Dr. phil. Márta, o. Professor (geb. 28.4.1952 in Pécs/H); Középkori és Koraújkori Történeti Tanszék, Rókus u. 2, 7624 Pécs, Ungarn, Tel./Fax 00 36 72/5 01-5 72, e-mail font@btk.pte.hu, privat: Légszeszgyár u. 5, 7622 Pécs, Ungarn, Tel. 00 36 72/53 20 14, Mittelalterliche Geschichte; [2002]

*Frenzel, Dr. rer. nat., Dr. phil. h.c. Burkhard, em. o. Professor (geb. 22.1.1928 in Duisburg); Institut für Botanik 210 der Universität Hohenheim, Garbenstraße 30, 70599 Stuttgart, Tel. 07 11/4 59 35 94, Fax 07 11/4 59 33 55, e-mail bfrenzel@uni-hohenheim. de, privat: Friedhofstraße 10, 70771 Leinfelden-Echterdingen, Tel./Fax 07 11/79 52 67, Botanik; [1984]

*Fried, Dr. Johannes, o. Professor (geb. 23.5.1942 in Hamburg); Historisches Seminar der Johann Wolfgang Goethe-Universität, 60629 Frankfurt, (Paketpost: Grüneburgplatz 1, 60323 Frankfurt), Tel. 0 69/7 98-3 24 24, 7 98-3 24 26, Fax 0 69/7 98-3 24 25, e-mail fried@em.uni-frankfurt.de, privat: Friedrichstraße 13a, 69117 Heidelberg, Tel. 0 62 21/ 2 03 95, Fax 0 62 21/18 15 60, Geschichtswissenschaften; [1997]

*Fritz, Walter Helmut (geb. 26.8.1929 in Karlsruhe); Kolberger Straße 2a, 76139 Karlsruhe, Tel. 07 21/68 33 46, Literatur; [1965]

Fuchs, Dr. med. Christoph, Professor (geb. 4.2.1945 in Wiedenbrück/Westf.); Bundesärztekammer, Herbert-Lewin-Platz 1, 10623 Berlin, Tel. 0 30/40 04 56-4 00, Fax 0 30/ 40 04 56-3 80, e-mail christoph.fuchs@baek.de, www.bundesaerztekammer.de, privat: Königstr. 32a, 50321 Brühl, Tel. 0 22 32/94 29 75, Fax 0 22 32/94 29 77, Physiologie und Innere Medizin; [1990]

Furrer, Dr. phil. Gerhard, Professor (geb. 26.2.1926 in Zürich); Geographisches Institut der Universität Zürich, privat: Im Leisibühl 45, 8044 Gockhausen, Schweiz, Tel. 00 41/ 1/8 21 28 58, Geographie; [1992]

Gabriel, Dr. phil. Gottfried, Professor (geb. 4.10.1943 in Kulm a. d. Weichsel); Friedrich-Schiller-Universität Jena, Institut für Philosophie, Zwätzengasse 9, 07743 Jena, Tel. 0 36 41/94 41 31, Fax 0 36 41/94 41 32, e-mail gottfried.gabriel@uni-jena.de, privat: Fischerstraße 15b, 78464 Konstanz, Tel. 0 75 31/3 37 15, Philosophie; [2002]

Galimov, Dr. rer. nat. Eric Mikhailovich, Professor (geb. 29.7.1936 in Wladiwostok); Director of V. I. Vernadsky Institute of Geochemistry and Analytical, Chemistry Russia Academy of Sciences, Kosyginstr. 19, 117975 Moscow, Russia, Tel. 0 07-0 95/1 37 41 27, Fax 0 07-0 95/9 38 20 54, Geochemie; [1998]

*Gall, Dr. phil. Dorothee, o. Professorin, (geb. 22.6.1953 in Balve/Kreis Arnsberg); Seminar für Griechische und Lateinische Philologie, Universität Bonn, Am Hof 1 e, 53013 Bonn, Tel. 02 28/73 73 49, Fax 02 28/73 77 48, e-mail dgall@uni-bonn.de, privat: Meckenheimer Str. 59, 53919 Weilerswist, Tel. 0 22 54/74 99, Klassische Philologie; [2003]

*Ganzer, Dr. theol. Klaus, em. o. Professor (geb. 2.2.1932 in Stuttgart); Gundelindenstraße 10, 80805 München, Tel. 0 89/32 19 77 33, e-mail k.ganzer@t-online.de, Kirchengeschichte des Mittelalters und der Neuzeit; [1988]

Gärtner, Dr. phil. Kurt, Universitätsprofessor (geb. 20.6.1936 in Hummetroth/Odenwald); FB II Sprach- und Literaturwissenschaften der Universität Trier, 54286 Trier (Paketpost: Universitätsring 15, 54286 Trier), Tel. 06 51/2 01 33 68, Fax 06 51/2 01 39 09, e-mail gaertner@uni-trier.de, www.staff.uni-marburg.de/~gaertnek, privat: Sonnhalde 9, 35041 Marburg, Tel. 0 64 21/3 53 56, Fax 0 64 21/3 54 15, e-mail gaertnek@staff.uni-marburg.de, Ältere deutsche Philologie; [1990]

Gerok, Dr. med., Dr. med. h.c. Wolfgang, em. o. Professor (geb. 27.3.1926 in Tübingen); Medizinische Universitätsklinik, Hugstetter Straße 55, 79106 Freiburg, privat: Horbener Straße 25, 79100 Freiburg, Tel. 07 61/2 93 73, Fax 07 61/2 93 82, Innere Medizin; [1985]

Gibbons, Dr. phil. Brian, Professor (geb. 8.10.1938 in British India); Prose Cottage, 23 Heslington Lane, Fulford, York YO10 4HN, Großbritannien, Tel. 00 44 19/04 63 31 74, e-mail bcgibbons07@yahoo.co.uk, Englische Philologie; [1998]

*Gottstein, Dr. rer. nat. Günter, o. Professor (geb. 23.4.1944 in Albendorf/Schlesien); Direktor am Institut für Metallkunde und Metallphysik, RWTH Aachen, 52056 Aachen, Tel. 02 41/8 02 68 60, Fax 02 41/8 02 26 08, e-mail gottstein@imm.rwth-aachen.de, www. imm.rwth-aachen.de, privat: Steppenbergallee 181, 52074 Aachen, Tel. 02 41/87 31 67, Metallkunde, Metallphysik; [2002]

Götz, Dr. rer. nat. Karl Georg, Professor (geb. 24.12.1930 in Berlin); Max-Planck-Institut für Biologische Kybernetik, Spemannstraße 38, 72076 Tübingen, Tel. 0 70 71/60 15 60, Fax 0 70 71/60 15 75, e-mail karl.goetz@tuebingen.mpg.de, privat: Ferdinand-Christian-Baur-Straße 15, 72076 Tübingen, Tel. 0 70 71/6 42 68, Biophysik; [1983]

Grauert, Dr. rer. nat., Dr. h.c. mult. Hans, o. Professor (geb. 8.2.1930 in Haren/Ems); Mathematisches Institut, Bunsenstraße 3–5, 37073 Göttingen, Tel. 05 51/39 77 49, privat: Ewaldstraße 67, 37075 Göttingen, Tel. 05 51/4 15 80, Mathematik; [1981]

Grehn, Dr. med., Dr. h.c. Franz, Professor (geb. 23.4.1948 in Würzburg); Direktor der Universitäts-Augenklinik Würzburg, Josef-Schneider-Str. 11, 97080 Würzburg, Tel. 09 31/20 12 06 01, Fax 09 31/20 12 02 45, e-mail f.grehn@augenklinik.uni-wuerzburg.de, privat: Walter-von-der-Vogelweide-Str. 34, 97074 Würzburg, Tel. 09 31/7 84 05 00, Fax 09 31/7 84 05 02, Augenheilkunde; [2001]

*Grewing, Dr. rer. nat. Michael, o. Professor (geb. 5.3.1940 in Hamburg); Direktor des Institut de Radio Astronomie Millimetrique (IRAM), 300, rue de la Piscine, Domaine universitaire de Grenoble, 38406 Saint Martin d'Heres, Frankreich, Tel. 33/4 76 82 49 53, Fax 33/4 76 51 59 38, e-mail grewing@iram.fr, privat: Max-Planck-Str. 30, 72810 Gomaringen, Tel. 0 70 72/69 83, Astronomie; [1994]

Gründer, Dr. phil. Karlfried, em. o. Professor (geb. 23.4.1928 in Marklissa/Niederschlesien); Schuppenhörnlestraße 44, 79868 Feldberg/Falkau, Tel. 0 76 55/5 34, Geschichte der Philosophie und der Geisteswissenschaften; [1971]

Gustafsson, Dr. Lars, em. Professor (geb. 17.5.1936 in Västerås/S); Tegelviksgatan 38, 11641 Stockholm, Schweden, Tel. 00 46/8/6 44 74 99, e-mail erikeinar@hotmail.com, Literatur; [1971]

Haberland, Dr. med., Dr. med. h.c. Gert L., Professor (geb. 15.6.1928 in Ürdingen/Krefeld); August-Jung-Weg 12, 42113 Wuppertal, Tel. 02 02/72 16 30, Fax 02 02/72 27 42, e-mail gert.haberland@web.de, Pharmakologie; [1972]

Habicht, Dr. phil. Werner, o. Professor (geb. 29.1.1930 in Schweinfurt); Institut für Englische Philologie, Universität Würzburg, Am Hubland, 97074 Würzburg, Tel. 09 31/8 88 56 58, Fax 09 31/8 88 56 74, e-mail whabicht@t-online.de, privat: Allerseeweg 14, 97204 Höchberg, Tel. 09 31/4 92 67, Anglistik; [1994]

Hadot, Dr. phil. Pierre, em. o. Professor (geb. 21.2.1922 in Paris); Collège de France, 11, Place Marcelin Berthelot, 75231 Paris Cedex 05, Frankreich, Tel. 0 03 31/44 27 10 19, privat: 2, rue Tolstoi, 91470 Limours, Frankreich, Tel. 00 33/1/64 91 05 03, Fax 00 33/1/64 91 53 72, Philosophie und Geschichte der Geisteswissenschaften; [1971]

*Harig, Dr. phil. h.c. Ludwig (geb. 18.7.1927 in Sulzbach/Saarland); Oberdorfstraße 36, 66280 Sulzbach, Tel./Fax 0 68 97/5 29 36, Literatur; [1982]

Harnisch, Dr. rer. nat., Dr.-Ing. e.h. Heinz, Professor (geb. 24.4.1927 in Augustusburg/Erzgebirge); Hoechst AG, Forschungszentrum, Postfach 800320, 65903 Frankfurt, Tel. 0 69/30 51, privat: Narzissenweg 8, 53925 Kall-Benenberg, Tel. 0 24 82/24 04, Angewandte Anorganische Chemie; [1986]

*Härtling, Peter (geb. 13.11.1933 in Chemnitz); Finkenweg 1, 64546 Mörfelden-Walldorf, Tel. 0 61 05/61 09, Fax 0 61 05/7 46 87, Literatur; [1966]

*Hartung, Harald, Professor (geb. 29.10.1932 in Herne/Westf.); Rüdesheimer Platz 4, 14197 Berlin, Tel. 0 30/82 70 44 31, Fax 0 30/82 70 44 30, Literatur; [1992]

*Haubrichs, Dr. phil. Wolfgang, o. Professor (geb. 22.12.1942 in Saarbrücken); Philosophische Fakultät II, FR 4.1 Germanistik, Universität des Saarlandes, Postfach 151150, 66041 Saarbrücken (Paketpost: Universität, 66123 Saarbrücken), Tel. 06 81/3 02-23 28, Fax 06 81/3 02-22 93, e-mail w.haubrichs@mx.uni-saarland.de, privat: Dr. Schier-Straße 14k, 66386 St. Ingbert, Tel. 0 68 94/8 71 76, Deutsche Literatur des Mittelalters und Deutsche Sprachgeschichte; [1997]

*Haussherr, Dr. phil. Reiner, em. o. Professor (geb. 15.3.1937 in Berlin); Motzstraße 4, 10777 Berlin, Tel. 0 30/2 15 37 35, Kunstgeschichte; [1978]

*Heinen, Dr. phil. Heinz, o. Professor (geb. 14.9.1941 in St. Vith/B); Universität Trier, FB III, Alte Geschichte, 54286 Trier, Tel. 06 51/2 01 24 37, Fax 06 51/2 01 39 26, e-mail heinen@uni-trier.de, www.uni-trier.de/uni/fb3/geschichte/alte, privat: In der Pforte 11, 54296 Trier, Tel. 06 51/1 61 21, Alte Geschichte; [1998]

Heinze, Dr. med. Hans-Jochen, Professor (geb 15.7.1953 in Gummersbach); Direktor der Klinik für Neurologie II an der Otto-von-Guericke-Universität Magdeburg, Leipziger Straße 44, 39120 Magdeburg, Tel. 03 91/67-1 34 31, Fax 03 91/67-1 52 33, e-mail hans-jochen.heinze@medizin.uni-magdeburg.de, http://neuro2.med.uni-magdeburg.de, privat: Weidenkamp 17, 30966 Hemmingen, Tel. 05 11/2 34 37 62, Kognitive Neurologie; [2005]

*Heitsch, Dr. phil. Ernst, em. o. Professor (geb. 17.6.1928 in Celle); Mattinger Straße 1, 93049 Regensburg, Tel. 09 41/3 19 44, Klassische Philologie; [1977]

*Henning, Dr. phil. Hansjoachim, o. Professor (geb. 27.2.1937 in Solingen); Kapellenerstraße 45, 47239 Duisburg, Tel. 0 21 51/40 95 49, Wirtschafts- und Sozialgeschichte; [1993]

Herrmann, Dr. rer. nat. Günter, em. o. Professor (geb. 29.11.1925 in Greiz-Dölau/ Thüringen); Institut für Kernchemie, 55029 Mainz (Paketpost: Fritz-Straßmann-Weg 2, 55099 Mainz), Tel. 0 61 31/3 92 58 52, Fax 0 61 31/3 92 44 88, privat: Kehlweg 74, 55124 Mainz, Tel. 0 61 31/47 28 99, e-mail guen.herrmann@t-online.de, Chemie; [1984]

Herrmann, Dr. rer. nat., Dr. h.c. mult. Wolfgang A., Professor (geb. 18.4.1948 in Kehlheim/Donau); Präsident der TU München, Lehrstuhl für Anorganische Chemie I, Anorganisch-Chemisches Institut, Technische Universität München, 85747 Garching (Paketpost: Lichtenbergstraße 4, 85748 Garching), Tel. 0 89/2 89/2 22 00, Fax 0 89/2 89/2 33 99, e-mail praesident@tu-muenchen.de oder herrmann@zaphod.anorg.chemie.tu-muenchen. de, privat: Gartenstraße 69c, 85354 Freising, Tel. 0 81 61/1 24 25, Fax 0 81 61/1 29 73, Anorganische Chemie; [1990]

Herzog, Dr. iur. Roman, Professor, Bundespräsident a. D. (Ehrenmitglied) (geb. 5.4.1934 in Landshut); Postfach 860445, 81631 München; [1999]

*Hesberg, Dr. phil. Henner von, o. Professor, (geb. 24.12.1947 in Lüneburg); Erster Direktor am Deutschen Archäologischen Institut, Abteilung Rom, Via Sardegna 79, 00187 Rom, Italien, Tel. 00 39/06/48 88 14 61, Fax 00 39/06/4 88 49 73, e-mail hesberg @rom.dainst.org, www.dainst.org, Klassische Archäologie; [2003]

*Hesse, Dr. rer. pol., Dr. h.c. Helmut, o. Professor (geb. 28.6.1934 in Gadderbaum); Berliner Straße 9, 37120 Bovenden, Tel. 05 51/88 75, Wirtschaftstheorie; [1994]

*Hillebrand, Dr. phil. Bruno, o. Professor (geb. 6.2.1935 in Düren); Heinrich-Emerich-Str. 45, 88662 Überlingen, Tel. 0 75 51/6 81 60, Fax 0 75 51/97 06 82, Literatur, insbesondere Neuere deutsche Literaturgeschichte; [1978]

Himmelmann, Dr. phil., Dres. phil. h.c. Nikolaus, o. Professor (geb. 30.1.1929 in Fröndenberg/Sauerland); Archäologisches Institut und Akademisches Kunstmuseum der Universität Bonn, Am Hofgarten 21, 53113 Bonn, Tel. 02 28/73 50 11, privat: Körnerstraße 23, 53175 Bonn, Tel. 02 28/35 11 41, Klassische Archäologie; [1974]

*Hinüber, Dr. phil. Oskar von, em. o. Professor (geb. 18.2.1939 in Hannover); Kartäuserstraße 138, 79102 Freiburg, Tel. 07 61/1 56 24 03, 3 91 12, Fax 07 61/1 56 24 04, Indologie; [1993]

Hirzebruch, Dr. rer. nat. Friedrich, o. Professor (geb. 17.10.1927 in Hamm); Max-Planck-Institut für Mathematik, Vivatsgasse 7, 53111 Bonn, Tel. 02 28/40 22 44, Fax 02 28/40 22 77, e-mail hirzebruch@mpim-bonn.mpg.de, privat: Thüringer Allee 127, 53757 St. Augustin, Tel. 0 22 41/33 23 77, Mathematik; [1972]

*Hoffmann, Dieter (geb. 2.8.1934 in Dresden); 96160 Markt Geiselwind/Ebersbrunn, Unterfranken, Haus 19, Tel. 0 95 56/10 56, Fax 0 95 56/8 17, Literatur; [1969]

*Hotz, Dr. rer. nat., Dr. h.c. mult. Günter, Ehrenprofessor der Academia Sinica, o. Professor (geb. 16.11.1931 in Rommelhausen); FB Informatik, Universität des Saarlandes, 66041 Saarbrücken, Tel. 06 81/3 02 24 14, Fax 06 81/3 02 48 12, e-mail hotz@cs.uni-sb.de, privat: Karlstraße 10, 66386 St. Ingbert, Tel. 0 68 94/26 78, Angewandte Mathematik und Informatik; [1985]

Hradil, Dr. phil., Dr. h.c. Stefan, Professor (geb. 19.7.1946 in Frankenthal); Johannes Gutenberg-Universität, Institut für Soziologie, FB 02, Colonel-Kleinmann-Weg 2, SB II, 04-553, 55099 Mainz, Tel. 0 61 31/39-2 26 92, Fax 0 61 31/39-2 37 26, e-mail sekretariat. hradil@uni-mainz.de, www.staff.uni-mainz.de/hradil/, privat: Schillstraße 98, 55131 Mainz, Tel. 0 61 31/57 89 93, Soziologie; [2006]

Huber, Dr. rer. nat., Drs. rer. nat. h.c., Dr. h.c. Franz, Professor (geb. 20.11.1925 in Nußdorf/Kreis Traunstein); Max-Planck-Institut für Verhaltensphysiologie, 82319 Seewiesen, Tel. 0 81 57/93 23 35, Fax 0 81 57/93 22 09, privat: Watzmannstraße 16, 82319 Starnberg, Tel. 0 81 51/1 56 30, Zoologie; [1973]

*Issing, Dr. rer. pol., Dr. h.c. mult. Otmar, Professor (geb. 27.3.1936 in Würzburg); Georg-Sittig-Straße 8, 97074 Würzburg, Tel. 09 31/8 53 12, e-mail wue@otmar-issing.de, Volkswirtschaftslehre, Geld und Internationale Beziehungen; [1991]

Jäger, Dr. rer. nat. Eckehart J., Universitätsprofessor (geb. 2.5.1934 in Leipzig); Institut für Geobotanik und Botanischer Garten, Martin-Luther-Universität Halle-Wittenberg, Neuwerk 21, 06108 Halle, Tel. 03 45/5 52 62 10, Fax 03 45/5 52 70 94, e-mail jaeger@botanik.uni-halle.de, privat: Lindenweg 8, 06179 Bennstedt, Tel. 03 46 01/2 60 78, Botanik; [1998]

Janicka, Dr.-Ing. Johannes, Professor (geb. 14.3.1951 in Bottrop); Technische Universität Darmstadt, Energie- u. Kraftwerkstechnik, Petersenstraße 30, 64287 Darmstadt, Tel. 0 61 51/16-21 57, Fax 0 61 51/16-65 55, e-mail janicka@ekt.tu-darmstadt.de, www.ekt.tu-darmstadt.de/home.php, privat: Langeweg 3, 64297 Darmstadt, Tel. 0 61 51/5 29 45, 53 73 03, e-mail mjjanicka@aol.com, Energie- und Kraftwerkstechnik; [2006]

*Jansohn, Dr. phil. Christa, Professorin (geb. 2.9.1958 in Duisburg); Otto-Friedrich-Universität Bamberg, Lehrstuhl für Britische Kultur, Kapuzinerstr. 25, 96045 Bamberg, Tel. 09 51/8 63 22 70, Fax 09 51/8 63 52 70, e-mail christa.jansohn@split.uni-bamberg.de, www.uni-bamberg.de/split/britkult, privat: Kettenbrückstr. 2, 96052 Bamberg, Tel. 09 51/2 08 01 55, Britische Kultur; [2005]

*Jost, Dr. rer. nat. Jürgen, Professor (geb. 9.5.1956 in Münster/Westf.); Max-Planck-Institut für Mathematik in den Naturwissenschaften, Inselstraße 22–26, 04103 Leipzig, Tel. 03 41/9 95 95 50, Fax 03 41/9 95 95 55, e-mail jost@mis.mpg.de, www.mis.mpg.de/jjost/jjost.html, privat: Stieglitzstraße 48, 04229 Leipzig, Mathematik; [1998]

Kaenel, Dr. phil. Hans-Markus von, o. Professor (geb. 18.9.1947 in Einigen/CH); Institut für Archäologische Wissenschaften, Abt. II, Archäologie und Geschichte der römischen Provinzen sowie Hilfswissenschaften der Altertumskunde der Johann Wolfgang Goethe-Universität, 60629 Frankfurt/M. (Paketpost: Grüneburgplatz 1, 60323 Frankfurt/M.), Tel. 0 69/79 83 22 65, Fax 0 69/79 83 22 68, e-mail v.kaenel@em.uni-frankfurt.de, privat: Gustav-Freytag-Straße 36, 60320 Frankfurt, Tel. 0 69/56 51 78, Hilfswissenschaften der Altertumskunde; [1999]

Kahsnitz, Dr. phil. Rainer, Professor (geb. 5.9.1936 in Schneidemühl); Wilmersdorfer Straße 157, 10585 Berlin, Tel. 0 30/43 72 92 36, Mittelalterliche Kunstgeschichte; [1992]

Kalkhof-Rose, Sibylle (Ehrenmitglied) (geb. 1.7.1925 in Ulm); Burgstraße 7, 55130 Mainz-Weisenau, Tel. 0 61 31/8 12 12; [1996]

Kandel, Dr. rer. nat. Eric Richard, Professor (geb. 7.11.1929 in Wien); Center for Neurobiology and Behavior, Columbia University, 722 West 168th Street, New York 10032, USA, Tel. 00 12 12/9 23 72 69, privat: 9 Sigma Place, Riverdale, New York 10471, USA, Neurobiologie; [1988]

*Kehlmann, Daniel (geb. 13.1.1975 in München); Herrengasse 6–8/6/8, 1010 Wien, Österreich, Tel./Fax 00 43/1/5 32 47 09, e-mail kehlmann@web.de, Literatur; [2004]

Kirchgässner, Dr. rer. nat. Klaus, Professor (geb. 26.12.1931 in Mannheim); Mathematisches Institut A, Pfaffenwaldring 57, 70569 Stuttgart, Tel. 07 11/6 85 55 45, Fax 07 11/6 85 55 35, privat: Kimbernstr. 49, 71101 Schönaich, Tel. 0 70 31/65 18 07, Mathematik; [1993]

*Kirsten, Wulf (geb. 21.6.1934 in Kipphausen/Sachsen); Paul-Schneider-Straße 11, 99423 Weimar, Tel./Fax 0 36 43/50 28 89, Literatur; [1994]

Kleiber, Dr. phil. Wolfgang, em. o. Professor (geb. 21.11.1929 in Freiburg i. Br.); FB 13, Deutsches Institut, Johannes Gutenberg-Universität, 55099 Mainz (Paketpost: Saarstraße 21, 55122 Mainz), Fax 0 61 31/3 92 33 66; Institut für Geschichtliche Landeskunde an der Universität Mainz e.V., Tel. 0 61 31/3 92 48 28, Fax 0 61 31/3 92 55 08, e-mail kleiber@mail.uni-mainz.de, privat: Bebelstraße 24, 55128 Mainz, Tel. 0 61 31/36 67 86, Deutsche Philologie und Volkskunde; [1975]

*Kleßmann, Eckart (geb. 17.3.1933 in Lemgo/Lippe); Kötherbusch 2, 19258 Bengerstorf, Tel. 03 88 43/2 10 06, Literatur; [1991]

*Klingenberg, Dr. phil., Dr. h.c. Wilhelm, em. o. Professor (geb. 28.1.1924 in Rostock); Mathematisches Institut, Wegelerstraße 10, 53115 Bonn, Tel. 02 28/73 77 85, privat: Am Alten Forsthaus 42, 53125 Bonn, Tel. 02 28/25 15 29, Mathematik; [1979]

*Kodalle, Dr. phil. Klaus-Michael, em. o. Professor (geb. 18.10.1943 in Gleiwitz/Oberschlesien); Friedrich-Schiller-Universität, Institut für Philosophie, Zwätzengasse 9, 07743 Jena, Tel. 0 36 41/94 41 20, Fax 0 36 41/94 41 22, e-mail klaus-michael.kodalle@uni-jena.de, privat: Forstweg 25, 07745 Jena, Tel. 0 36 41/61 97 00, Praktische Philosophie; [1998]

Koller, Dr. phil. Heinrich, o. Professor (geb. 24.7.1924 in Wien); Institut für Geschichte, Rudolfskai 42, 5020 Salzburg, Österreich, Tel. 0 04 36 62/80 44 47 91, privat: Buchenweg 10, 5400 Hallein/Rif, Österreich, Tel. 0 04 36 24/57 64 16, Mittelalterliche Geschichte und historische Hilfswissenschaften; [1989]

*Kollmann, Dr.-Ing., Dr.-Ing. E. h. Franz Gustav, em. o. Professor (geb. 15.8.1934 in Füssen); Mauerkircher Straße 16, 81679 München, Tel. 0 89/98 10 96 63, Fax 0 89/98 10 96 64, e-mail fg.kollmann@t-online.de, Maschinenbau und Maschinenakustik; [1991]

*König, Barbara (geb. 9.10.1925 in Reichenberg/Nordböhmen); Brunnenstraße 14, 86911 Dießen, Tel./Fax 0 88 07/3 32 (Schellingstraße 88, 80798 München, Tel. 0 89/5 23 33 63), Literatur; [1973]

Konrád, György (geb. 2.4.1933 in Berettyóújfalu/Debrecen/H); Torockó u. 3, 1026 Budapest, Ungarn, Literatur; [1990]

*Krauß, Angela (geb. 2.5.1950 in Chemnitz); Kickerlingsberg 8, 04105 Leipzig, Tel./Fax 03 41/5 90 65 33, e-mail kraussangela@aol.com, Literatur; [2006]

*Krebs, Dr. rer. nat., Dr. h.c. Bernt, Professor (geb. 26.11.1938 in Gotha); Anorganisch-Chemisches Institut der Westfälischen Wilhelms-Universität, Wilhelm-Klemm-Straße 8, 48149 Münster, Tel. 02 51/83-3 31 31, Fax. 02 51/83-3 83 66, e-mail krebs@uni-muenster.de, www.uni-muenster.de/Chemie/AC/krebs/welcome.html, privat: Schürbusch 65, 48163 Münster, Tel. 02 51/71 79 60, Anorganische Chemie; [1996]

Kresten, Dr. phil. Otto, Professor (geb. 27.1.1943 in Wien); Institut für Byzantinistik und Neogräzistik der Universität Wien, Postgasse 7/I/3, 1010 Wien, Österreich, Tel. 0 04 31/42 77-4 10 10, Fax 0 04 31/42 77-94 10, e-mail otto.kresten@univie.ac.at, privat: Laaerbergstraße 32/1/8/36, 1100 Wien, Österreich,Tel. 0 04 31/6 03 09 89, Byzantinistik; [1998]

*Krüger, Dr. h.c. Michael (geb. 9.12.1943 in Wittgendorf/Zeitz); Carl Hanser Verlag, Kolbergerstraße 22, 81679 München, Tel. 0 89/99 83 00, Fax 0 89/9 82 71 19, privat: Gellerstraße 10, 81925 München, Literatur; [1984]

*Krummacher, Dr. phil. Hans-Henrik, em. o. Professor (geb. 24.8.1931 in Essen-Werden); Deutsches Institut, Johannes Gutenberg-Universität, 55099 Mainz (Paketpost: Saarstraße 21, 55122 Mainz), Tel. 0 61 31/3 92 55 18, Fax 0 61 31/3 92 33 66, privat: Am Mainzer Weg 10, 55127 Mainz, Tel. 0 61 31/47 75 50, Neuere deutsche Literaturgeschichte; [1984]

*Kühn, Dr. phil. Dieter (geb. 1.2.1935 in Köln); Richard-Bertram-Straße 79, 50321 Brühl, Tel. 0 22 92/41 04 50, Literatur; [1989]

*Kuhn, Dr. phil., Dr. rer. nat. h.c. mult. Hans, em. Professor (geb. 5.12.1919 in Bern); Max-Planck-Institut für biophysikalische Chemie, Am Faßberg, 37077 Göttingen, privat: Ringoldswilstraße 50, 3656 Tschingel ob Gunten, Schweiz, Tel./Fax 00 41 33/2 51 33 79, Physikalische Chemie; [1979]

*Lange, Dr. iur. Hermann, em. o. Professor (geb. 24.1.1922 in Dresden); Ferdinand-Christian-Baur-Straße 3, 72076 Tübingen, Tel. 0 70 71/6 12 16, Römisches Recht, Bürgerliches Recht; [1971]

*Lauer, Dr. rer. nat. Wilhelm, o. Professor (geb. 1.2.1923 in Oberwesel); Geographisches Institut, Meckenheimer Allee 166, 53115 Bonn, Tel. 02 28/73 73 83, privat: Endenicher Allee 7, 53115 Bonn, Tel. 02 28/63 63 20, Geographie; [1970]

*Lautz, Dr. rer. nat. Günter, em. o. Professor (geb. 15.11.1923 in Münster/Westf.); Fallsteinweg 97, 38302 Wolfenbüttel, Tel. 0 53 31/7 28 29, Elektrophysik; [1977]

Lehmann, Kardinal, Dr. phil., Dr. theol. Karl, Professor, Bischof von Mainz (geb. 16.5.1936 in Sigmaringen); Bischofsplatz 2a, 55116 Mainz, Tel. 0 61 31/25 31 01, Dogmatik und Ökumenische Theologie; [1987]

Lehmann, Dipl.-Phys., Dr. h.c. Klaus-Dieter, Professor (geb. 19.2.1940 in Breslau); Präsident der Stiftung Preußischer Kulturbesitz, Von-der-Heydt-Straße 16–18, 10785 Berlin, Tel. 0 30/25 46 30, 0 30/25 46 32 01, Fax 0 30/25 46 32 68, e-mail lehmann@hv.spk-berlin.de, privat: Kaulbachstraße 41 c, 12247 Berlin, Tel. 0 30/34 70 69 25, Fax 0 30/34 70 69 26, Literatur; [1987]

Lehn, Dr. rer. nat. Jean-Marie, Professor (geb. 30.9.1939 in Rosheim/Elsaß); Collège de France, Université Louis Pasteur, Institut le Bel, 4, Rue Blaise Pascal, 67000 Straßburg, Frankreich, Tel. 0 03 33 88/41 60 56, Fax 0 03 33 88/41 10 20, e-mail lehn@chimie.u-strasbg.fr, privat: 6, rue des Pontonniers, 67000 Straßburg, Frankreich, Tel. 0 03 33 88/37 06 42, Organische Chemie; [1989]

Lienhard, Dr. theol., Dr. h.c. Marc, em. Professor (geb. 22.8.1935 in Colmar/Elsaß); 17, rue de Verdun, 67000 Straßburg, Frankreich, Tel. 0 03 33 88/60 63 92, 89 37 40, e-mail marc.lienhard@club-internet.fr, Kirchengeschichte; [1988]

*Lindauer, Dr. rer. nat., Dr. h.c. mult. Martin, em. o. Professor (geb. 19.12.1918 in Wäldle/Garmisch); Batschkastraße 14, 81825 München, Tel. 0 89/4 39 34 73, Zoologie; [1970]

Loher, Dr. rer. nat., Dr. phil. Werner, o. Professor (geb. 27.6.1929 in Landshut); Department of Entomological Sciences, University of California, Wellmann Hall, Berkeley, CA 94720, USA, Tel. 00 14 15/6 42 09 75, privat: 1386 Euclid Ave., Berkeley, CA 94708, USA, Tel. 00 14 15/8 48 33 88, Physiologie des Verhaltens; [1983]

Lübbe, Dr. phil., Dr. h.c. Hermann (geb. 31.12.1926 in Aurich); em. o. Professor der Philosophie und politischen Theorie, Mühlebachstr. 41[39], 8008 Zürich, Schweiz, Tel./Fax 00 41 44/2 61 10 16, e-mail hermann.luebbe@nns.ch, Philosophie; [1974]

*Luckhaus, Dr. rer. nat. Stephan, Professor (geb. 28.5.1953 in Remscheid); Universität Leipzig, Fakultät für Mathematik und Informatik, Abt. Optimierung und Finanzmathematik, Augustusplatz 10/11, 04109 Leipzig, Tel. 03 41/97 32-1 08, -1 94, Fax 03 41/97 32-1 99, e-mail luckhaus@mathematik.uni-leipzig.de, privat: Tschaikowskistr. 19, 04105 Leipzig, Tel. 03 41/9 90 41 72, Angewandte Mathematik; [2002]

Ludwig, Dr. rer. nat. Günther, em. o. Professor (geb. 12.1.1918 in Zäckerick); Sperberweg 11, 35043 Marburg, Tel. 0 64 21/4 13 13, Theoretische Physik; [1977]

*Lütjen-Drecoll, Dr. med. Elke, o. Professorin (geb. 8.1.1944 in Ahlerstedt); Anatomisches Institut II der Universität Erlangen-Nürnberg, Universitätsstraße 19, 91054 Erlangen, Tel. 0 91 31/8 52 28 65, Fax 0 91 31/8 52 28 62, e-mail anat2.gl@anatomie2.med.uni-erlangen.de, privat: Am Veilchenberg 29, 91080 Spardorf, Tel. 0 91 31/5 46 08, Anatomie; [1991]

Lützeler, Dr. phil. Paul Michael (geb. 4.11.1943 in Hückelhoven-Doveren/Rheinland); Rosa May Distinguished University Professor in the Humanities, Department of Germanic Languages and Literature, Washington University in St. Louis, Campus Box 1104, One Brookings Drive, St. Louis, Missouri 63130-4899, USA, Tel. 0 01-3 14/9 35-47 84, Fax 0 01-3 14/9 35-72 55, e-mail jahrbuch@artsci.wustl.edu, privat: 7260 Balson Avenue, Mo 63130 St. Louis, USA, Literatur; [1994]

Magris, Dr. phil. Claudio, Professor (geb. 10.4.1939 in Triest); Universitá degli Studi di Trieste, Facoltá di Lettere e Filosofia, Via del Lazzaretto Vecchio 8, 34123 Trieste, Italien, Tel. 0 03 90 40/55 86 76-72 52, -72 49, Fax 0 03 90 40/55 86 76-72 47, privat: V. Carpaccio 2, 34143 Trieste, Italien, Tel. 0 03 90 40/30 54 28, Fax 0 03 90 40/31 44 55, Literatur; [2002]

*Maier, Dr. rer. nat. Joachim, Professor (geb. 5.5.1955 in Neunkirchen); Direktor am Max-Planck-Institut für Festkörperforschung, Postfach 800665; 70506 Stuttgart (Paketpost: Heisenbergstr. 1, 70569 Stuttgart), Tel. 07 11/6 89-17 20, Fax 07 11/6 89-17 22, e-mail s.weiglein@fkf.mpg.de, www.mpi-stuttgart.mpg.de/maier/, privat: Im Kazenloch 102, 75446 Wiernsheim, Tel./Fax 0 70 44/89 38, Physikalische Chemie; [2003]

Martin, Albrecht, Staatsminister a. D. (Ehrenmitglied) (geb. 9.7.1927 in Bad Kreuznach); Hugo-Reich-Straße 10, 55543 Bad Kreuznach, Tel. 06 71/6 57 00; [1990]

Mažiulis, Dr. sc. Vytautas, o. Professor (geb. 20.8.1926 in Roenai, Zarasei/LT); Baltu filologijos katedra, Universiteto gatvė 3, Universitetas, 232734 Vilnius, Litauen, privat: Kalvariju gatvė 276-27, 2057 Vilnius, Lietuva, Baltische Sprachwissenschaft; [1976]

*Mehl, Dr. phil. Dieter, em. o. Professor (geb. 21.9.1933 in München); Uckerather Straße 74, 53639 Königswinter, Tel./Fax 0 22 44/8 29 94, e-mail dietermehl@web.de, Englische Philologie; [1995]

*Meier, Dr. theol. Johannes, o. Professor (geb. 31.5.1948 in Neubeckum/Westf.); Universität Mainz, FB 01, Katholisch-Theologische Fakultät, Forum 6, 55099 Mainz, Tel. 0 61 31/3 92 04 55, Fax 0 61 31/3 92 04 60, e-mail johannes.meier@uni-mainz.de, privat: Schenkendorfstraße 5, 56068 Koblenz, Tel. 02 61/3 00 21 34, Fax 02 61/3 00 21 35, Mittlere und Neuere Kirchengeschichte, Religiöse Volkskunde; [2003]

Menzel, Dr. rer. nat. Randolf, o. Professor (geb. 7.6.1940 in Marienbad/CZ); Institut für Tierphysiologie, FB Biologie der FU Berlin, Königin-Luise-Straße 28–30, 14195 Berlin, Tel. 0 30/83 85 39 30, Fax 0 30/83 85 54 55, e-mail menzel@zedat.fu-berlin.de, privat: Tollensestraße 42e, 14167 Berlin, Tel. 0 30/8 17 78 08, Neurobiologie und Verhaltensbiologie; [1994]

Messerli, Dr. phil. Bruno, em. Professor (geb. 17.9.1931 in Belp/CH); Brunnweid, 3086 Zimmerwald, Schweiz, Tel. 0 31/8 19 33 81, Fax 0 31/8 19 76 81, e-mail bmesserli @bluewin.ch., Geomorphologie, Klimageschichte, Ökologie, speziell Gebirge der Tropen und Subtropen; [1992]

Meyer zum Büschenfelde, Dr. med., Dr. med. vet., Dr. h.c., FRCP Karl-Hermann, em. o. Professor, (geb. 27.9.1929 in Oberbauerschaft/Lübbecke Westf.); Trabener Straße 8, 14193 Berlin, Tel. 0 30/89 54 00 85, 0 30/89 54 00 87, Fax 0 30/89 54 00 79, Innere Medizin; [1988]

Michaelis, Dr. med. Jörg, o. Professor (geb. 7.12.1940 in Essen); Präsident der Johannes Gutenberg-Universität Mainz, Forum universitatis 2, 55099 Mainz, Tel. 0 61 31/3 92 23 01, Fax 0 61 31/3 92 29 19, 0 61 31/3 92 56 98, e-mail praesident@ verwaltung.uni-mainz.de, privat: Liebermannstraße 26, 55127 Mainz, Tel. 0 61 31/ 7 12 28, Medizinische Statistik und Dokumentation; [1991]

Michelsen, Dr. phil. Axel, Professor (geb. 1.3.1940 in Haderslev/DK); Biologisk Institut, Odense Universitet, Campusvej 55, 5230 Odense M, Dänemark, Tel. 00 45/ 66 15 86 00, Fax 00 45/65 93 04 57, e-mail a.michelsen@biology.sdu.dk, privat: Rosenvænget 74, 5250 Odense SV, Dänemark, Tel. 00 45/66 11 75 68, Fax 00 45/66 11 97 16, Zoologie; [1990]

*Miller, Dr. phil. Norbert, o. Professor (geb. 14.5.1937 in München); Technische Universität Berlin, Institut für Deutsche Philologie, Allgemeine und Vergleichende Literaturwissenschaft, Sekr. H 61, Straße des 17. Juni 135, 10623 Berlin, Tel. 0 30/ 31 42 36 11, Fax 0 30/31 42 31 07, privat: Am Schlachtensee 132, 14129 Berlin, Tel. 0 30/8 03 20 65, Fax 0 30/80 58 45 37, e-mail norb.miller@t-online.de, Literatur; [1985]

Miltenburger, Dr. rer. nat. Herbert G., Professor (geb. 7.6.1930 in Worms); Hobrechtstraße 15, 64285 Darmstadt, Tel. 0 61 51/4 61 62, Fax 0 61 51/42 96 89, e-mail hgm-630@freenet.de, Zellbiologie, Zytogenetik, Zellkultur, Mutagenese; [1989]

*Mosbrugger, Dr. rer. nat. Volker, Professor (geb. 12.7.1953 in Konstanz); Senckenberg Forschungsinstitut und Naturmuseum, Senckenberganlage 25, 60325 Frankfurt/M., Tel. 0 69/7 54 22 14, Fax 0 69/7 54 22 42, e-mail volker.mosbrugger@senckenberg.de, privat: Eibenweg 1, 72119 Ammerbuch I, Tel. 0 70 73/48 23, Biogeologie, Paläontologie, Paläoklimatologie; [2003]

Müller, Dr. phil. Carl Werner, o. Professor (geb. 28.1.1931 in Modrath/Bergheim); Institut für Klassische Philologie der Universität des Saarlandes, 66041 Saarbrücken, Tel. 06 81/3 02 23 05, Fax 06 81/3 02 37 11, e-mail cwm@mx.uni-saarland.de, privat: Goerdelerstraße 87, 66121 Saarbrücken, Tel. 06 81/81 76 70, Klassische Philologie; [1980]

*Müller, Dr. theol., D.D. Gerhard, Professor (geb. 10.5.1929 in Marburg); Landesbischof i.R., Sperlingstraße 59, 91056 Erlangen, Tel. 0 91 31/49 09 39, e-mail gmuellerdd @compuserve.de, Historische Theologie; [1979]

*Müller, Dr. phil. Walter W., o. Professor (geb. 26.9.1933 in Weipert/Sudetenland); Seminar für Semitistik der Philipps-Universität, 35032 Marburg (Paketpost: Wilhelm-Röpke-Straße 6, Block F, 35039 Marburg), Tel. 0 64 21/2 82 47 94, Fax 0 64 21/2 82 48 29, privat: Holderstrauch 7, 35041 Marburg, Tel. 0 64 21/3 18 47, Semitistik; [1987]

*Müller-Wille, Dr. phil., Dr. h.c. mult. Michael, Professor (geb. 1.3.1938 in Münster/ i. W.); Institut für Ur- und Frühgeschichte der Christian-Albrechts-Universität Kiel, 24098 Kiel (Paketpost: Olshausenstraße 40, 24118 Kiel), Tel. 04 31/8 80 23 34, Fax 04 31/8 80 73 00, e-mail mmuellerwille@ufg.uni-kiel.de, privat: Holtenauer Straße 178, 24105 Kiel, Tel. 04 31/8 30 27, Ur- und Frühgeschichte; [1990]

Muschg, Dr. phil. Adolf, Professor (geb. 13.5.1934 in Zollikon/CH); Hasenackerstraße 24, CH-8708 Männedorf, Tel. 0 04 11/9 20 48 38, Literatur; [1979]

*Mutschler, Dr. rer. nat., Dr. med., Dres. h.c. Ernst, em. o. Professor (geb. 24.5.1931 in Isny); Pharmakologisches Institut für Naturwissenschaftler, Biozentrum Niederursel, Marie-Curie-Str. 9, Geb. N260, 60439 Frankfurt, Tel. 0 69/79 82 93 72, Fax 0 69/ 79 82 93 74, privat: Am Hechenberg 24, 55129 Mainz, Tel. 0 61 31/58 12 75, Fax 0 61 31/ 58 12 71, e-mail mutschler@t-online.de, Pharmakologie; [1984]

*Nachtigall, Dr. rer. nat. Werner, em. o. Professor (geb. 7.6.1934 in Saaz/Sudetenland); Universität des Saarlandes, Arbeitsstelle Technische Biologie und Bionik, Postfach 151150, Geb. 9 – 3. OG, 66041 Saarbrücken (Paketpost: Geb. 9 – 3. OG, 66123 Saarbrücken), Tel. 06 81/3 02-24 11, Fax 06 81/3 02-66 51, e-mail w.nachtigall@rz.uni-sb.de, privat: Höhenweg 169, 66133 Scheidt, Tel. 06 81/89 71 73, Zoologie; [1980]

Oberreuter, Dr. phil., Dr. h.c. M. A. Heinrich, o. Professor (geb. 21.9.1942 in Breslau); Universität Passau, Direktor der Akademie für Politische Bildung, Buchensee 1, 82323 Tutzing, Tel. 0 81 58/2 56 47, Fax 0 81 58/2 56 37, privat: Eppaner Str. 12, 94036 Passau, Tel. 08 51/5 86 06, Politikwissenschaft; [1994]

Oesterhelt, Dr. rer. nat. Dieter, Professor (geb. 10.11.1940 in München); Max-Planck-Institut für Biochemie, Am Klopferspitz, 82143 Martinsried, Tel. 0 89/85 78 23 86, Fax 0 89/85 78 35 57, Biochemie; [1984]

Osche, Dr. phil. nat. Günther, o. Professor (geb. 7.8.1926 in Neustadt a. d. Weinstr.); Institut für Biologie I (Zoologie), Albertstraße 21a, 79104 Freiburg, Tel. 07 61/ 2 03 24 89, privat: Jacobistraße 54, 79104 Freiburg, Tel. 07 61/2 22 14, Zoologie; [1969]

*Osten, Dr. jur. Manfred (geb. 19.1.1938 in Ludwigslust); Weißdornweg 23, 53177 Bonn, Tel. 02 28/32 83 01, Fax 02 28/32 83 00, e-mail manfred.osten@t-online.de, Literatur; [2001]

*Osterkamp, Dr. phil. Ernst, Professor (geb. 24.5.1950 in Tecklenburg); Humboldt-Universität zu Berlin, Philosophische Fakultät II, Institut für Deutsche Literatur, Unter den Linden 6, 10099 Berlin, Tel. 0 30/20 93 96 46, Fax 0 30/20 93 96 90, e-mail ernst.osterkamp@rz.hu-berlin.de, privat: Heimat 35, 14165 Berlin, Tel. 0 30/8 15 52 93, Deutsche Literatur; [2003]

*Ott, Karl-Heinz (geb. 14.9.1957 in Ehingen/Donau); Bayernstraße 16, 79100 Freiburg, Tel. 07 61/7 07 56 78, e-mail karlhzott@aol.com, Literatur; [2006]

Otten, Dr. rer. nat., Dr. h.c. Ernst Wilhelm, Professor (geb. 30.8.1934 in Köln); Institut für Physik, Staudingerweg 7, 55128 Mainz, Tel. 0 61 31/3 92 25 18, Fax 0 61 31/ 3 92 51 79, e-mail ernst.otten@uni-mainz.de, privat: Carl-Orff-Straße 47, 55127 Mainz, Tel. 0 61 31/47 37 34, Experimentalphysik; [1986]

*Otten, Dr. phil. Fred, o. Professor (geb. 23.7.1942 in Berlin); Humboldt-Universität zu Berlin, Philosophische Fakultät II, Institut für Slawistik, Unter den Linden 6, 10099 Berlin, Tel. 0 30/20 93-51 56, 20 93-51 83, Fax 0 30/20 93-51 84, e-mail fred.otten @rz.hu-berlin.de, privat: Zehntwerderweg 168, 13469 Berlin, Tel. 0 30/4 02 87 78, Slavische Philologie; [1991]

*Otten, Dr. phil. Heinrich, em. o. Professor (geb. 27.12.1913 in Freiburg i. Br.); Arbeitsstelle für Hethitische Forschungen (Kommission für den Alten Orient), Akademie der Wissenschaften und der Literatur, Mainz, Geschwister-Scholl-Str. 2, 55131 Mainz, Tel. 0 61 31/57 72 30, privat: Ockershäuser Allee 45 a, 35037 Marburg, Tel. 0 64 21/9 37-3 34, Altorientalische Sprachen und Kulturen; [1959]

Parisse, Dr. phil. Michel, em. o. Professor (geb. 1.5.1936 in Void an der Maas/ Lothringen); 63, rue de Chemin Vert, 75011 Paris, Frankreich, Tel. 01 40 34 12 46, e-mail parissem@noos.fr, Mittelalterliche Geschichte; [1997]

*Petersdorff, Dr. phil. Dirk von (geb. 16.3.1966 in Kiel); Universität des Saarlandes, FR 4.1 Germanistik, Postfach 151150, 66041 Saarbrücken (Paketpost: Im Stadtwald, 66123 Saarbrücken), Tel. 06 81/3 02 27 13, Fax 06 81/3 02 42 23, e-mail dvp@mx.uni-saarland.de, privat: Rotenbühlerweg 13, 66123 Saarbrücken, Tel. 06 81/3 69 45, Literatur; [2004]

Pfister, Dr. phil., Dr. h.c. mult. Max, em. o. Professor (geb. 21.4.1932 in Zürich); Philosophische Fakultät II, FR 4.2 Romanistik, Universität des Saarlandes, Postfach 151150, 66041 Saarbrücken, (Paketpost: Universität, 66123 Saarbrücken), Tel. 0681/3023671, Fax 0681/3024588, e-mail m.pfister@rz.uni-saarland.de, privat: Steinbergstraße 20, 66424 Homburg-Einöd, Tel. 06848/719441, Romanische Philologie; [1984]

*Pilkuhn, Dr. rer. nat. Manfred, o. Professor (geb. 16.4.1934 in Insterburg); Physikalisches Institut, Pfaffenwaldring 57, 70569 Stuttgart, Tel. 0711/6855111, e-mail mpilkuhn@hotmail.com, www.eie.polyu.edu.hk, privat: Bussardstraße 50, 71032 Böblingen, Tel. 07031/273646, Experimentalphysik; [1988]

*Pörksen, Dr. phil. Uwe, o. Professor (geb. 13.3.1935 in Breklum); Erwinstraße 28, 79102 Freiburg, Tel. 0761/73985, Literatur; [1986]

Radnoti-Alföldi, Dr. phil. Maria, o. Professorin (geb. 6.6.1926 in Budapest); Institut für Archäologische Wissenschaften, Abt. II, Archäologie und Geschichte der römischen Provinzen sowie Hilfswissenschaften der Altertumskunde, Johann Wolfgang Goethe-Universität, 60629 Frankfurt/M. – Fach 136 (Paketpost: Grüneburgplatz 1, 60323 Frankfurt/M.), Tel. 069/79832297, Fax 069/79832268, e-mail radnoti-alfoeldi@em.uni-frankfurt.de, privat: Hans-Sachs-Str. 1, 60487 Frankfurt, Tel. 069/7073157, Antike Numismatik; [1986]

*Ramm, Dr.-Ing., Dr.-Ing. E.h., Dr. h.c. Ekkehard, em. o. Professor (geb. 3.10.1940 in Osnabrück); Universität Stuttgart, Institut für Baustatik, Pfaffenwaldring 7, 70550 Stuttgart, Tel. 0711/685-66124, Fax 0711/685-66130, e-mail eramm@ibb.uni-stuttgart.de, www-uni-stuttgart.de/ibs/ramm.html, privat: Sperberweg 31, 71032 Böblingen, Tel. 07031/275513, Bauingenieurwesen; [1997]

Rammensee, Dr. rer. nat. Hans-Georg, Professor (geb. 12.4.1953 in Tübingen); Eberhard Karls Universität, Interfakultäres Institut für Zellbiologie, Abteilung Immunologie, Auf der Morgenstelle 15, 72076 Tübingen, Tel. 07071/2987628, Fax 07071/2956 53, e-mail rammensee@uni-tuebingen.de, privat: Sommerhalde 3, 72070 Tübingen-Unterjesingen, Tel. 07073/2618, Immunologie; [2006]

*Rapp, Dr. med. Ulf R., o. Professor, Universität Würzburg, Institut für Medizinische Strahlenkunde und Zellforschung, Versbacher Straße 5, 97078 Würzburg, Tel. 0931/2014 5141, Fax 0931/20145835, e-mail rappur@mail.uni-wuerzburg.de, www.uni-wuerzburg.de/strahlenkunde/msz.html, privat: Rothweg 39, 97082 Würzburg, Tel. 0931/7841323, Molekulare Onkologie. [2000]

Reis, Dr. med. André, Professor (geb. 25.7.1960 in Sao Paulo/Brasilien), Direktor am Institut für Humangenetik, Friedrich-Alexander-Universität Erlangen-Nürnberg, Schwabachanlage 10, 91054 Erlangen, Tel. 09131/85-22318, Fax 09131/209297, e-mail reis@humgenet.uni-erlangen.de, www.humgenet.uni-erlangen.de, privat: Adalbert-Stifter-Str. 8, 91054 Erlangen, Tel. 09131/539258, Humangenetik; [2006]

*Riethmüller, Dr. phil. Albrecht, o. Professor (geb. 21.1.1947 in Stuttgart); Musikwissenschaftliches Seminar der Freien Universität Berlin, Grunewaldstr. 35, 12165 Berlin, Tel. 0 30/83 85 66 10, Fax 0 30/83 85 30 06, e-mail albrieth@zedat.fu-berlin.de, www.fu-berlin.de/musikwissenschaft, privat: Berner Straße 44A, 12205 Berlin, Tel./Fax 0 30/8 31 28 25, Musikwissenschaft; [1991]

*Ringsdorf, Dr. rer. nat., Dr. h.c. Helmut, o. Professor (geb. 30.7.1929 in Gießen); Institut für Organische Chemie, Johannes Gutenberg-Universität, 55099 Mainz (Paketpost: J. J. Becher-Weg 18–20, 55128 Mainz), Tel. 0 61 31/3 92 24 02, Fax 0 61 31/3 92 31 45, e-mail ringsdor@mail.uni-mainz.de, privat: Kehlweg 41, 55124 Mainz, Tel. 0 61 31/47 28 84, Organische und Makromolekulare Chemie; [1979]

Rittner, Dr. med. Christian, o. Professor (geb. 29.9.1938 in Dresden); Institut für Rechtsmedizin der Universität Mainz, Am Pulverturm 3, 55131 Mainz, Tel. 0 61 31/3 93 21 18, Fax 0 61 31/3 93 64 67, e-mail rittner@mail.uni-mainz.de, privat: Höhenweg 8, 55268 Nieder-Olm, Rechtsmedizin; [1994]

*Röckner, Dr. rer. nat. Michael, o. Professor (geb. 15.2.1956 in Herford); Universität Bielefeld, Fakultät für Mathematik, Postfach 100131, 33501 Bielefeld (Paketpost: Universitätsstr. 25, 33615 Bielefeld), Tel. 05 21/1 06-47 74, -47 73, Fax 05 21/1 06-64 62, e-mail roeckner@mathematik.uni-bielefeld.de, privat: Ostenbergstr. 22, 33378 Rheda-Wiedenbrück, Tel. 0 52 42/37 90 68, Fax 0 52 42/37 90 69, Mathematik und mathematische Physik; [2003]

*Rohen, Dr. med., Dr. med. h.c. Johannes W., em. o. Professor (geb. 18.9.1921 in Münster/Westf.); Anatomisches Institut der Universität Erlangen-Nürnberg, Universitätsstraße 19, 91054 Erlangen, Tel. 0 91 31/8 52 67 37, Fax 0 91 31/8 52 28 62, e-mail lisa.koehler@anatomie2.med.uni-erlangen.de, privat: Streitbaumweg 3, 91077 Neunkirchen a. Br., Tel. 0 91 34/6 87, Funktionelle Anatomie, Embryologie und Histologie; [1968]

*Rosendorfer, Herbert, Professor (geb. 19.2.1934 in Bozen); Ansitz Massauer-Hof, Reinspergweg 5, 39057 St. Michael/Eppan, Italien, Tel. 0 03 90/4 71/66 47 67, Fax 0 03 90/4 71/66 47 68, Literatur; [1988]

Rübner, Tuvia, em. Professor (geb. 30.1.1924 in Preßburg); Kibbuz Merchavia, 19100 Israel, Tel 9 72/66 59 87 54, Fax 9 72/66 59 87 54, e-mail tuvi@merchavia.org.il, Literatur; [2000]

Rupprecht, Dr. iur. Hans-Albert, o. Professor (geb. 16.4.1938 in Erlangen); In den Opfergärten 5, 35085 Ebsdorfergrund, Tel. 0 64 24/16 79, e-mail hansalbertrupprecht@t-online.de, Papyrusforschung; [2001]

Samuelson, Dr. Dr. h.c. mult. Paul A., M.A., Professor (geb. 15.5.1915 in Gary/USA); Institute Professor Emeritus, Massachusetts Institute of Technology, Department of Economics, E52-383 Cambridge, MA 02138, USA, Tel. (6 17)2 53-33 68, privat: 94 Somerset Street, USA Belmont, MA 02178, Wirtschaftswissenschaften; [1987]

Sandeman, Dr. rer. nat. David, Professor (geb. 18.4.1936 in Springs/ZA); Theodor-Boveri-Institut der Universität, Lehrstuhl für Verhaltensphysiologie und Soziobiologie, Am Hubland, 97074 Würzburg, Tel. 09 31/8 88 44 40, privat: Felix-Klipstein-Weg 7, 35321 Laubach, Tel. 0 64 05/50 50 74, e-mail dsandema@wellesley.edu, Biologie; [1993]

*Schaefer, Dr. rer. nat. Matthias, o. Professor (geb. 23.4.1942 in Berlin); Institut für Zoologie und Anthropologie, Abteilung Ökologie, Berliner Straße 28, 37073 Göttingen, Tel. 05 51/39 54 45, Fax 05 51/39 54 48, e-mail mschaef@gwdg.de, www.gwdg.de/~zooeco, privat: Konrad-Adenauer-Straße 15, 37075 Göttingen, Tel. 05 51/2 12 29, Tierökologie; [1993]

Schäfer, Dr. phil. Fritz Peter, em. Professor (geb. 31.1.1931 in Bad Hersfeld); Max-Planck-Institut für biophysikalische Chemie, Postfach 2841, 37018 Göttingen (Paketpost: Am Faßberg, 37077 Göttingen), Tel. 05 51/20 13 33/3 34, privat: Senderstraße 53, 37077 Göttingen, Tel. 05 51/2 44 96, Fax 0551/2 35 36, Biophysik; [1984]

*Schäfer, Dr. phil. Hans Dieter (geb. 7.9.1939 in Berlin); Franziskanerplatz 3, 93059 Regensburg, Tel./Fax 09 41/8 82 02, e-mail hansdieterschaefer@t-online.de, Literatur; [2002]

Scharf, Dr. med., Dr. rer. nat., Dr. h.c. Joachim-Hermann, o. Professor (geb. 7.11.1921 in Nebra/Unstrut); Institut für Anatomie der Universität, Postfach 302, 06097 Halle, privat: Ernst-Moritz-Arndt-Straße 1, 06114 Halle, Tel. 03 45/5 23 33 89, Anatomie; [1982]

Scheibe, Dr. rer. nat. Erhard, em. o. Professor (geb. 24.9.1927 in Berlin); Philosophisches Seminar der Universität, Marsiliusplatz 1, 69117 Heidelberg, Tel. 0 62 21/54 24 83, privat: Moorbirkenkamp 2 A, 22391 Hamburg, Tel. 0 40/5 36 81 07, Philosophie; [1981]

*Schink, Dr. rer. nat. Bernhard, o. Professor (geb. 27.4.1950 in Mönchengladbach); Universität Konstanz, FB Biologie, Lehrstuhl für Mikrobielle Ökologie, Postfach 5560 <M654>, 78457 Konstanz, Tel. 0 75 31/88-21 40, Fax 0 75 31/88-40 47, e-mail bernhard.schink@uni-konstanz.de, privat: Hans-Lobisser-Straße 12, 78465 Konstanz-Dingelsdorf, Tel. 0 75 33/78 26, Mikrobiologie; [2002]

*Schirnding, Albert von (geb. 9.4.1935 in Regensburg); Harmating 6, 82544 Egling 2, Tel. 0 81 76/3 62, Literatur; [2001]

Schlögl, Dr. rer. nat. Reinhard W., em. o. Professor (geb. 25.11.1919 in Braunau/Nordböhmen); Max-Planck-Institut für Biophysik, Kennedyallee 70, 60596 Frankfurt, e-mail r.schloegl@em.uni-frankfurt.de, privat: Im Hirschgarten 3, 61479 Glashütten, Tel. 0 61 74/6 14 09, 0 61 74/96 45 48, Biophysik; [1981]

*Schmid, Dr. phil., Dr. h.c. Wolfgang P., em. o. Professor (geb. 25.10.1929 in Berlin); Sprachwissenschaftliches Seminar der Universität Göttingen, Humboldtallee 13, 37073 Göttingen, Tel. 05 51/39 54 82, Fax 05 51/39 58 03, privat: Schladeberg 20, 37133 Friedland (Niedernjesa), Indogermanische Sprachwissenschaft; [1966]

*Schmidt, Dr. med., Ph. D., D. Sc. h.c., Robert F., em. o. Professor, Honorarprofessor Med. Fakultät Univ. Tübingen (geb. 16.9.1932 in Ludwigshafen); Physiologisches Institut, Röntgenring 9, 97070 Würzburg, Tel. 09 31/31 26 39, Fax 09 31/31 27 41, 09 31/5 92 10, e-mail rfs@mail.uni-wuerzburg.de, www.rfschmidt.de, privat: Oberer Dallenbergweg 6, 97082 Würzburg, Tel. 09 31/7 84 14 20/1, Fax 09 31/7 84 14 22, Neurophysiologie; [1987]

*Schmidt-Glintzer, Dr. phil. Helwig (geb. 24.6.1948 in Bad Hersfeld); o. Professor Universität Göttingen, Direktor der Herzog August Bibliothek Wolfenbüttel, Forschungs- und Studienstätte für Europäische Kulturgeschichte, Lessingplatz 1, 38304 Wolfenbüttel, Tel. 0 53 31/8 08-1 00/-1 01, Fax 0 53 31/8 08-1 34, e-mail schmidt-gl@hab.de, privat: Lessingstraße 11, 38300 Wolfenbüttel, Tel. 0 53 31/8 08-1 50, Sinologie; [2002]

Schölmerich, Dr. med., Dr. med. h.c. Paul, em. o. Professor (geb. 27.6.1916 in Kasbach/Linz); Weidmannstraße 67, 55131 Mainz, Tel. 0 61 31/8 26 79, Innere Medizin und Kardiologie; [1973]

*Schröder, Dr. jur., Dr. h.c. Jan, o. Professor (geb. 28.5.1943 in Berlin); Juristisches Seminar, Universität Tübingen, Wilhelmstraße 7, 72074 Tübingen, Tel. 0 70 71/2 97 26 99, Fax 0 70 71/29 53 09, e-mail jan.schroeder@jura.uni-tuebingen.de, privat: Bohnenbergerstraße 20, 72076 Tübingen, Tel. 0 70 71/64 04 14, Fax 0 70 71/64 04 15, Rechtsgeschichte, Bürgerliches Recht; [2001]

*Schröder, Dr. phil. Werner, em. o. Professor (geb. 13.3.1914 in Tangerhütte/Altmark); Roter Hof 10, 35037 Marburg, Tel. 0 64 21/3 44 59, Germanische und deutsche Philologie; [1978]

*Schulenburg, Dr. rer. pol. Johann-Matthias Graf von der, o. Professor (geb. 20.6.1950 in Hamburg); Gottfried Wilhelm Leibniz Universität, FB Wirtschaftswissenschaften, Institut für Versicherungsbetriebslehre, Königsworther Platz 1, 30167 Hannover, Tel. 05 11/7 62 50 83, Fax 05 11/7 62 50 81, e-mail jms@ivbl.uni-hannover.de, privat: Schleiermacherstr. 24, 30625 Hannover, Tel. 05 11/5 33 26 13, Wirtschaftswissenschaften; [2001]

*Schulz, Dr. phil. Günther, o. Professor (geb. 27.11.1950 in Morsbach/Sieg); Rheinische Friedrich-Wilhelms-Universität, Institut für Geschichtswissenschaft, Abt. Verfassungs-, Sozial- und Wirtschaftsgeschichte, Konviktstraße 11, 53113 Bonn, Tel. 02 28/73-51 72/50 33, Fax 02 28/73-51 71, e-mail g.schulz@uni-bonn.de, www. histsem.uni-bonn.de/lehrstuhlvswg/lsvswgstart.htm, privat: Königin-Sophie-Str. 17, 53604 Bad Honnef, Tel. 0 22 24/7 43 98, Fax 0 22 24/96 87 43, e-mail schulz.sz@t-online.de, Sozial- u. Wirtschaftsgeschichte; [2006]

*Schütz, Helga, Professorin (geb. 2.10.1937 in Falkenhain/Schlesien); Jägersteig 4, 14482 Potsdam, Tel. 03 31/70 86 56, Literatur; [1994]

Schwarz, Dr. phil. Hans-Peter, em. o. Professor (geb. 13.5.1934 in Lörrach); Seminar für Politische Wissenschaft an der Rheinischen Friedrich-Wilhelms-Universität Bonn, Lennéstraße 25, 53113 Bonn, Tel. 02 28/73 75 11, Fax 02 28/73 75 12, privat: Vogelsangstraße 10a, 82131 Gauting, Tel. 0 89/89 35 58 70, Fax 0 89/89 35 58 69, Wissenschaft von der Politik und Zeitgeschichte; [1989]

*Schweickard, Dr. phil., Dr. h.c. Wolfgang, Professor (geb. 16.10.1954 in Aschaffenburg); Universität des Saarlandes, FR 4.2 – Romanistik, Postfach 151150, 66041 Saarbrücken (Paketpost: Geb. 11, Zi. 3.19, Im Stadtwald, 66123 Saarbrücken), Tel. 06 81/3 02-6 40 50, Fax 06 81/3 02-6 40 52, e-mail wolfgang.schweickard@mx.uni-saarland.de, www.phil.uni-sb.de/FR/Romanistik/schweickard, privat: Hangweg 8, 66121 Saarbrücken, Tel. 06 81/8 30 56 93, Fax 06 81/8 30 56 95, Romanische Philologie (Sprachwissenschaft); [2004]

Seebach, Dr. rer. nat. Dieter, Professor (geb. 3.10.1937 in Karlsruhe); Laboratorium für Organische Chemie, ETH Hönggerberg HCI, Wolfgang-Pauli-Straße 10, 8093 Zürich, Schweiz, Tel. 0 04 11/6 32 29 90, Fax 0 04 11/6 32 11 44, e-mail seebach@org. chem.ethz. ch, Organische Chemie; [1990]

*Seibold, Dr. rer. nat., Dres. rer. nat. h.c. Eugen, em. o. Professor (geb. 11.5.1918 in Stuttgart); Richard-Wagner-Straße 56, 79104 Freiburg, Tel. 07 61/55 33 68, Fax 07 61/5 56 57 40, e-mail seibold-freiburg@t-online.de, Geologie; [1972]

*Sier, Dr. phil. Kurt, o. Professor (geb. 21.4.1955 in Dudweiler/Saar); Institut für Klassische Philologie und Komparatistik, Universität Leipzig, Beethovenstraße 15, 04107 Leipzig, Tel. 03 41/9 73 77-10/-01, Fax 03 41/9 73 77 48, e-mail sier@rz.uni-leipzig.de, privat: Lilienstraße 34, 66386 St. Ingbert, Tel./Fax 0 68 94/66 50, Klassische Philologie; [2000]

Simon, Dr. rer. nat., Dr. h.c. mult. Arndt, Professor (geb. 14.1.1940 in Dresden); Max-Planck-Institut für Festkörperforschung, Heisenbergstraße 1, 70569 Stuttgart, Tel. 07 11/6 89-16 40, Fax 07 11/6 89-10 10, e-mail a.simon@fkf.mpg.de, privat: Ob dem Steinbach 15, 70569 Stuttgart, Tel. 07 11/6 87 62 92, Anorganische Chemie; [1994]

Sinn, Dr. rer. nat., Dr. rer. nat. h.c., Dipl.-Chem. Hansjörg, o. Professor (geb. 20.7.1929 in Ludwigshafen); An der Trift 8, 38678 Clausthal-Zellerfeld, Tel. 0 53 23/7 81 35, Fax 0 53 23/7 81 38, Technische und Makromolekulare Chemie; [1976]

Slaje, Dr. phil. Walter, Professor (geb. 17.6.1954 in Graz); FB Kunst-, Orient- und Altertumswissenschaften, Institut für Indologie und Südasienwissenschaften, Martin-Luther-Universität Halle-Wittenberg, 06099 Halle (Saale), Tel. 03 45/5 52 36 50, Fax 03 45/5 52 71 39, e-mail slaje@indologie.uni-halle.de, privat: Hermann-Löns-Straße 1, 99425 Weimar, Tel./Fax 0 36 43/50 13 91, e-mail slaje@t-online.de, Indologie; [2002]

*Stadler, Dr. phil. Arnold (geb. 9.4.1954 in Meßkirch); Sallahn Hof 7, 29482 Küsten, Tel. 0 58 64/98 69 01, Literatur; [1998]

Steinbeck, Dr. phil. Wolfram, Professor (geb. 5.10.1945 in Hagen/Westf.); Musikwissenschaftliches Institut, Universität zu Köln, Albertus Magnus-Platz, 50923 Köln, Tel. 02 21/4 70 38 06, Fax 02 21/4 70 49 64, e-mail w.steinbeck@uni-koeln.de, privat: Rosenweg 32, 53225 Bonn, Tel. 02 28/7 07 76 36, Historische Musikwissenschaft; [2005]

Stent, Dr. phil., Dr. rer. nat. h.c. Günter S., Professor (geb. 28.3.1924 in Berlin); 329 Life Sciences Addition, Department of Molecular and Cell Biology, University of California, Berkeley, CA 94720-3200, USA, Tel. 00 15 10/6 42 52 14, Fax 00 15 10/6 43 67 91, e-mail stent@uclink4.berkeley.edu, privat: 145 Purdue Ave., Berkeley, CA 94708, USA, Neurobiologie; [1989]

Stocker, Dr. sc. nat., Dr. h.c. ETH Thomas, o. Professor (geb. 1.7.1959 in Zürich); Universität Bern, Physikalisches Institut, Abt. für Klima- und Umweltphysik, Sidlerstr. 5, 3012 Bern, Schweiz, Tel. 00 41/31/6 31 44 62, Fax 00 41/31/6 31 87 42, e-mail stocker@climate.unibe.ch, www.climate.unibe.ch/stocker, privat: Buchserstr. 50, 3006 Bern, Schweiz, Klima- u. Umweltphysik; [2004]

*Stolleis, Dr. jur., Dr. h.c. mult. Michael, em. Professor (geb. 20.7.1941 in Ludwigshafen); Max-Planck-Institut für europäische Rechtsgeschichte, Postfach 930227, 60457 Frankfurt am Main, (Paketpost: Hausener Weg 120, 60489 Frankfurt am Main), Tel. 0 69/7 89 78-2 22, Fax 0 69/7 89 78-1 69, e-mail stolleis@mpier.uni-frankfurt.de, privat: Waldstraße 15, 61476 Kronberg, Tel. 0 61 73/6 56 51, Öffentliches Recht, Neuere Rechtsgeschichte, Kirchenrecht; [1992]

*Strauch, Dr. rer. nat. Friedrich, o. Professor (geb. 23.11.1935 in Homberg/Niederrhein); Geologisch-Paläontologisches Institut und Museum, Corrensstraße 24, 48149 Münster, Tel. 02 51/83-3 39 51, Fax 02 51/83-3 39 68, e-mail straucf@uni-muenster.de, privat: Südostring 26, 48329 Havixbeck, Tel. 0 25 07/21 20, Fax 0 25 07/57 06 45, Paläontologie, Geologie; [1991]

Streit, Dr. rer. pol. Manfred E., em. Professor (geb. 16.2.1939 in Goch/Rheinland); Max-Planck-Institut für Ökonomik, Kahlaische Straße 10, 07745 Jena, Tel. 0 36 41/68 66 01, Fax 0 36 41/68 66 10, e-mail streit@econ.mpg.de, privat: Kobenhüttenweg 17, 66123 Saarbrücken, Tel 06 81/6 52 81, Wirtschaftswissenschaften; [1994]

Tennstedt, Dr. disc. pol. Florian, Professor (geb. 6.9.1943 in Sangerhausen); FB 4 Sozialwesen der Universität Kassel, 34109 Kassel (Paketpost: Arnold-Bode-Straße 10, 34127 Kassel), Tel. 05 61/8 04 29 45, 8 04 29 03, Fax 05 61/8 04 29 03, 8 04 32 65, privat: Grubenrain 10, 34132 Kassel, Tel. 05 61/40 67 98, Sozialpolitik; [2000]

*Thiede, Dr. rer. nat., Dr. h.c. Jörn, o. Professor (geb. 14.4.1941 in Berlin); Direktor des Alfred-Wegener-Institutes für Polar- und Meeresforschung, Columbusstraße, 27568 Bremerhaven, Tel. 04 71/48 31 11 00, 48 31 11 01, Fax 04 71/48 31 11 02, e-mail jthiede@awi-bremerhaven.de, privat: Bartelsallee 8, 24105 Kiel, Tel. 04 31/80 16 35, Köperstraße 8/9, 27568 Bremerhaven, Tel. 04 71/1 70 01 06, Paläo-Ozeanologie; [1991]

Thissen, Dr. phil. Heinz Josef, o. Professor (geb. 13.3.1940 in Neuss); Seminar für Ägyptologie der Universität, 50923 Köln, Tel. 02 21/4 70 38 76, Fax 02 21/4 70 50 79, e-mail heinz.thissen@uni-koeln.de, privat: Bertolt-Brecht-Straße 67, 50374 Erftstadt, Tel. 0 22 35/4 42 46, Ägyptologie; [1994]

Thomas, Dr. phil. Werner, em. o. Professor (geb. 14.11.1923 in Neugersdorf/Sachsen); Weinbergsweg 64, 61348 Bad Homburg, Tel. 0 61 72/4 18 13, Indogermanische Sprachwissenschaft; [1964]

*Vaupel, Dr. med. Peter W., M.A./Univ. Harvard, Univ.-Professor (geb. 21.8.1943 in Lemberg/Pfalz); Institut für Physiologie und Pathophysiologie, Johannes Gutenberg-Universität, Duesbergweg 6, 55099 Mainz, Tel. 0 61 31/3 92 59 29, Fax 0 61 31/ 3 92 57 74, e-mail vaupel@mail.uni-mainz.de, privat: Am Eiskeller 71, 55126 Mainz, Tel. 0 61 31/47 25 55, Physiologie und Pathophysiologie; [1998]

Veith, Dr. rer. nat. Michael, Univ.-Professor (geb. 9.11.1944 in Görlitz); INM – Leibniz-Institut für Neue Materialien gGmbH, Im Stadtwald, Gebäude D2 2, 66123 Saarbrücken, Tel. 06 81/93 00-0, 06 81/93 00-2 72, Fax 06 81/93 00-2 23, e-mail michael.veith@inm-gmbh.de, www.inm-gmbh.de, privat: Am Hangweg 1, 66386 St. Ingbert, e-mail veith@mx.uni-saarland.de, Anorganische und Allgemeine Chemie; [2006]

*Vesper, Guntram (geb. 28.5.1941 in Frohburg/Sachsen); Herzberger Landstraße 34a, 37085 Göttingen, Tel. 05 51/5 75 37, www.guntramversper.ch.vu, Literatur; [1990]

Vogel, Dr. rer. nat. Paul Stefan, em. o. Professor (geb. 4.4.1925 in Dresden); Arbeitsstelle: Institut für Botanik der Universität, Rennweg 14, 1030 Wien, Österreich, Tel. 00 43/1/4 27 75 40 87, Fax 00 43/1/42 77 95 41, privat: Am Steinfeld 11-6, 2344 Maria Enzersdorf am Gebirge, Österreich, Tel. 00 43/2 23 62 11 37, Botanik; [1975]

Waetzoldt, Dr. phil. Stephan, Professor (geb. 18.1.1920 in Halle/Saale); Erlenweg 72, App. 581, 14532 Kleinmachnow, Tel. 03 32 03/5 65 81, Kunstgeschichte; [1975]

*Wahlster, Dr. rer. nat., Dr. h.c. mult. Wolfgang, o. Professor (geb. 2.2.1953 in Saarbrücken); Deutsches Forschungszentrum für Künstliche Intelligenz GmbH, Stuhlsatzenhausweg 3, 66123 Saarbrücken, Tel. 06 81/3 02-23 63,-41 62, Fax 06 81/3 02-41 36, e-mail wahlster@cs.uni-sb.de, www.dfki.de/~wahlster/, privat: Winterbergstr. 6, 66119 Saarbrücken, Tel. 06 81/5 38 56, Informatik; [2002]

Weberling, Dr. rer. nat., Dr. h.c. Focko, em. o. Professor (geb. 6.3.1926 in Goslar); Arbeitsstelle Pflanzenmorphologie und Biosystematik, Universität Ulm, Albert Einstein-Allee 47, 2. St., R. 279, Oberer Eselsberg, 89081 Ulm, Tel. 07 31/5 02 64 13, privat: Buchenstraße 3, 89155 Erbach, Tel. 0 73 05/85 85, Fax 0 73 05/2 18 01, e-mail focko.weberling@extern.uni-ulm.de, Morphologie und Systematische Botanik; [1978]

*Wedepohl, Dr. rer. nat. Karl Hans, o. Professor (geb. 6.1.1925 in Loxten/Westf.); Geochemisches Institut, Goldschmidtstraße 1, 37077 Göttingen, Tel. 05 51/39 39 71, Fax 05 51/39 39 82, privat: Hasenwinkel 36, 37079 Göttingen, Tel. 05 51/9 14 15, Geochemie; [1970]

*Wegner, Dr. rer. nat. Gerhard, o. Professor (geb. 3.1.1940 in Berlin); Max-Planck-Institut für Polymerforschung, Ackermannweg 10, Postfach 3148, 55021 Mainz, Tel. 0 61 31/37 91 30, Fax 0 61 31/37 93 30, e-mail wegner@mpip-mainz.mpg.de, privat: Carl-Zuckmayer-Str. 1, 55127 Mainz, Tel. 0 61 31/47 67 24, Festkörperchemie der Polymere; [1996]

Wehner, Dr. phil. nat., Dr. h.c. Rüdiger, o. Professor (geb. 6.2.1940 in Nürnberg); Zoologisches Institut, Abteilung Neurobiologie, Winterthurerstraße 190, 8057 Zürich, Schweiz, Tel. 00 41/44/6 35 48 31, Fax 00 41/44/6 35 57 16, e-mail rwehner@zool.unizh.ch, www.zool.unizh.ch, privat: Zürichbergstraße 130, CH-8044 Zürich, Tel. 00 41/44/2 61 13 74, Neuro- und Verhaltensbiologie; [1977]

*Weiland, Dr.-Ing. Thomas, Professor (geb. 24.10.1951 in Riegesesberg); Technische Universität Darmstadt, FB 18, Schloßgartenstraße 8, 64289 Darmstadt, Tel. 0 61 51/16 21 61, Fax 0 61 51/16 46 11, e-mail thomas.weiland@temf.tu-darmstadt.de, privat: Ohlystraße 69, 64285 Darmstadt, Tel. 0 61 51/42 37 53, Fax 0 61 51/42 38 91, Theorie Elektromagnetischer Felder; [1992]

*Wellershoff, Dr. phil. Dieter, Professor e.h. (geb. 3.11.1925 in Neuss); Mainzer Straße 45, 50678 Köln, Tel. 02 21/38 85 65, Literatur; [1968]

Welte, Dr. Dr. h.c. Dietrich H., o. Professor (geb. 22.1.1935 in Würzburg); IES, Gesellschaft für Integrierte Explorationssysteme mbH, Ritterstraße 23, 52072 Aachen, Tel. 02 41/5 15 86 10, Fax 02 41/5 15 86 90, e-mail d.welte@ies.de, privat: I. Rote-Haag-Weg 42 a, 52076 Aachen, Tel. 02 41/6 36 21, Fax 02 41/6 05 21 23, Organische Geochemie, Erdölgeologie, numerische Simulation von Geoprozessen; [1996]

Welzig, Dr. phil. Werner, o. Professor (geb. 13.8.1935 in Wien); Österreichische Akademie der Wissenschaften, Dr. Ignaz-Seipel-Platz 2, 1010 Wien, Österreich, Tel. 0 04 31/5 15 81-2 03, Fax 0 04 31/5 15 81-2 09, e-mail werner.welzig@oeaw.ac.at, privat: Enzersdorfer Straße 6, A-2345 Brunn am Gebirge, Tel. 00 43 22 36/3 42 69, Neuere Deutsche Literaturgeschichte; [1987]

Westphal, Dr. rer. nat., Dr. med. h.c. Otto H. E., Professor (geb. 1.2.1913 in Berlin); Chemin de Ballallaz 18, 1820 Montreaux, Schweiz, Tel. 00 41 21/9 63 54 86, Immunbiologie und Biochemie; [1963]

*Wickert, Dr. phil. Erwin (geb. 7.1.1915 in Bralitz/Mark-Brandenburg); Botschafter a. D., Rheinhöhenweg 22, 53424 Remagen, Tel. 0 22 28/17 26, Fax 0 22 28/70 06, Literatur; [1979]

*Wilhelm, Dr. phil. Gernot, o. Professor (geb. 28.1.1945 in Laasphe/Lahn); Institut für Altertumswissenschaften, Lehrstuhl für Altorientalistik, Universität Würzburg, Residenzplatz 2, Tor A, 97070 Würzburg, Tel. 09 31/31 28 62, Fax 09 31/31 26 74, e-mail gernot.wilhelm@mail.uni-wuerzburg.de, www.uni-wuerzburg.de/altorientalistik/, privat: Mozartstraße 2a, 97209 Veitshöchheim, Tel. 09 31/9 29 89, Fax 09 31/9 91 24 45, e-mail grnt.wilhelm@t-online.de, Altorientalistik; [2000]

Willson, A. Leslie, Professor Ph. D. (geb. 14.6.1923 in Texashome/USA); 4205 Far West Blvd., Austin, Texas 78731, USA, Tel. 00 15 12/3 45 06 22, Literatur; [1975]

*Winiger, Dr. rer. nat. Matthias, Professor (geb. 24.3.1943 in Bern); Geographisches Institut der Universität Bonn, Meckenheimer Allee 166, 53115 Bonn, Tel. 02 28/ 73 72 39, Fax 02 28/73 75 06, e-mail winiger@giub.uni-bonn.de, www.giub.uni-bonn.de/ winiger/, privat: Rheinaustraße 188, 53225 Bonn, Tel. 02 28/47 92 87, Hohfuhren, CH-3088 Rüeggisberg, Tel./Fax 00 41/3 18 09 17 53, Geographie, Klimatologie, Hochgebirge; [1995]

*Wittern-Sterzel, Dr. phil., Dr. med. habil. Renate, o. Professorin (geb. 30.11.1943 in Bautzen/Sachsen); Friedrich-Alexander-Universität Erlangen-Nürnberg, Institut für Geschichte und Ethik der Medizin, Glückstraße 10, 91054 Erlangen, Tel. 0 91 31/ 8 52 23 08, Fax 0 91 31/8 52 28 52, e-mail renate.wittern@gesch.med.uni-erlangen.de, privat: Hindenburgstr. 84, 91054 Erlangen, Tel. 0 91 31/2 15 66, Fax 0 91 31/2 15 33, Geschichte der Medizin; [2005]

*Wriggers, Dr.-Ing. Peter, Professor (geb. 3.2.1951 in Hamburg); Gottfried Wilhelm Leibniz Universität, Institut für Baumechanik u. Numerische Mechanik (IBNM), Appelstr. 9a, 30167 Hannover, Tel. 05 11/7 62-22 20, Fax 05 11/7 62-54 96, e-mail wriggers@ ibnm.uni-hannover.de, www.ibnm.uni-hannover.de, privat: Bödekerstr. 8, 30161 Hannover, Tel. 05 11/31 55 48, Baumechanik; [2004]

Würtenberger, Dr. jur. Thomas, Professor (geb. 27.1.1943 in Erlangen); Universität Freiburg, Rechtswissenschaftliche Fakultät, Platz der Alten Synagoge 1, 79085 Freiburg, Tel. 07 61/2 03 22 46, Fax 07 61/2 03 22 91, e-mail wuertenb@ruf.uni-freiburg.de, privat: Beethovenstr. 9, 79100 Freiburg, Tel. 07 61/7 86 23, Öffentliches Recht, Staatsphilosophie, Verfassungsgeschichte; [2000]

Zagajewski, Adam (geb. 21.6.1945 in Lwöw/Lemberg); ul. Pawlikowskiego 7 m. 9, 31127 Kraków, Polen, Tel./Fax 00 48 12/6 32 84 56, e-mail zagajewskiadam@aol.com, Literatur; [2001]

*Zahn, Dr. med., Dr. h.c. Rudolf K., em. Universitätsprofessor (geb. 6.2.1920 in Bad Orb/Spessart); Oderstraße 12, 65201 Wiesbaden, Tel. 06 11/2 29 84, e-mail rzahn@uni-mainz.de, Physiologische Chemie; [1971]

*Zeller, Dr. phil., Dr. phil. h.c., Litt. D. h.c. Bernhard, Professor (geb. 19.9.1919 in Dettenhausen); Schiller-Nationalmuseum und Deutsches Literaturarchiv, Schillerhöhe 8–10, 71672 Marbach, Postfach 1162, 71666 Marbach, Tel. 0 71 44/84 86 05, privat: Kernerstraße 45, 71672 Marbach, Tel. 0 71 44/9 76 45, Literatur, insbesondere Deutsche Literaturwissenschaft; [1970]

*Zeller, Dr. theol. h.c. Eva (geb. 25.1.1923 in Eberswalde/Mark Brandenburg); Fregestraße 9, 12159 Berlin, Tel. 0 30/85 96 51 27, Literatur; [1989]

Zeltner-Neukomm, Dr. phil. Gerda (geb. 27.1.1915 in Zürich); Rütistraße 11, 8032 Zürich, Schweiz, Tel. 0 04 11/2 51 66 32, Literatur; [1969]

*Zimmermann, Dr. ev. theol., Dr. phil., Dr. hist. h.c., Dr. phil. h.c. Harald, em. o. Professor (geb. 12.9.1926 in Budapest); Historisches Seminar, Abt. für Mittelalterliche Geschichte, Wilhelmstraße 36, 72074 Tübingen, Tel. 0 70 71/2 97 54 98, privat: Beckmannweg 1, 72076 Tübingen, Tel. 0 70 71/6 29 73, Mittelalterliche Geschichte; [1972]

*Zintzen, Dr. phil. Clemens, o. Professor (geb. 24.6.1930 in Aachen); Institut für Altertumskunde, Albertus-Magnus-Platz, 50923 Köln, Tel. 02 21/4 70 23 57, privat: Am Alten Bahnhof 24, 50354 Hürth, Tel. 0 22 33/7 03 87, Fax 0 22 33/70 73 64, e-mail clemens.zintzen@t-online.de, Klassische Philologie und Renaissanceforschung; [1977]

*Zippelius, Dr. iur., Dr. h.c. Reinhold, em. o. Professor (geb. 19.5.1928 in Ansbach); Institut für Rechtsphilosophie und Allgemeine Staatslehre der Universität Erlangen-Nürnberg, Schillerstr. 1, 91054 Erlangen, Tel. 0 91 31/8 52 69 66, Fax 0 91 31/8 52 69 65, privat: Niendorfstraße 5, 91054 Erlangen, Tel. 0 91 31/5 57 26, Allgemeine Staatslehre und Rechtsphilosophie; [1985]

Zwierlein, Dr. phil. Otto, o. Professor (geb. 5.8.1939 in Hollstadt/Unterfranken); Seminar für Griechische und Lateinische Philologie, Am Hof 1e, 53113 Bonn, Tel. 02 28/73 73 39, Fax 02 28/73 77 48, e-mail zwierlein@uni-bonn.de, privat: Mozartstraße 30, 53115 Bonn, Tel. 02 28/63 39 43, Klassische und Mittellateinische Philologie; [1980]

Sachverständige der Kommissionen

Bartolomaeus, Dr. Thomas, Professor, Freie Universität Berlin, Institut für Zoologie, Königin-Luise-Straße 1, 14195 Berlin, Tel. 0 30/8 38-5 62 88, Fax 0 30/8 38-5 39 16, e-mail tbartol@zedat.fu-berlin.de, privat: Bismarckstraße 8A, 14109 Berlin, Tel. 0 30/80 49 57 36, Vergleichende Zoologie, Phylogenetische Systematik

Beck, Dr. phil. Hanno, Universitätsprofessor, Geographische Institute, Meckenheimer Allee 166, 53115 Bonn, privat: Dürenstraße 36, 53173 Bonn, Tel. 02 28/35 14 26, Geschichte der Naturwissenschaften, insbesondere Geschichte der Geographie, Erdwissenschaften, Kartographie, Reisen und Wissenschaftstheorie

Bendix, Dr. rer. nat. Jörg, Professor, Philipps-Universität Marburg, FB Geographie, Deutschhausstraße 10, 35032 Marburg, Tel. 0 64 21/2 82 42 66, Fax 0 64 21/2 82 89 50, e-mail bendix@staff.uni-marburg.de, privat: Eichenweg 6, 35287 Amöneburg, Tel. 0 64 24/92 44 33, Geographie

Brennecke, Dr. rer. nat. Peter, Direktor und Professor, Bundesamt für Strahlenschutz, Albert-Schweitzer-Straße 18, 38226 Salzgitter, Tel. 0 53 41/88 56 10, Fax 0 53 41/88 56 05, e-mail pbrennecke@bfs.de, privat: Lortzingstraße 27, 38106 Braunschweig, Tel. 05 31/37 40 64, Physik und Energietechnik

Buddruss, Dr. phil., Dr. h.c. Georg, em. o. Professor, Seminar für Indologie, Postfach 3980, 55029 Mainz, Tel. 0 61 31/3 92 26 47, privat: Am Judensand 45, 55122 Mainz, Tel. 0 61 31/32 05 00, Indologie

Burch, Dr. rer. nat., Thomas, Kompetenzzentrum für elektronische Erschließungs- und Publikationsverfahren in den Geisteswissenschaften an der Universität Trier, DM-Gebäude 329, Universitätsring 15, 54286 Trier, Tel. 06 51/2 01 33 64, Fax 06 51/2 01 32 93, e-mail burch@uni-trier.de, privat: Marienstr. 7, 54317 Korlingen, Tel. 0 65 88/98 72 52, Informatik, Elektronisches Publizieren, Markupsprachen

Buschmeier, Dr. phil. Gabriele, Musikwissenschaftliche Editionen, Union der deutschen Akademien der Wissenschaften, Geschwister-Scholl-Str. 2, 55131 Mainz, Tel. 0 61 31/57 71 20, Fax 0 61 31/57 71 22, e-mail gabriele.buschmeier@adwmainz.de, privat: Kästrich 12 C, 55116 Mainz, Tel. 0 61 31/57 16 09, Musikwissenschaft

Cardauns, Dr. phil. Burkhart, o. Professor, Seminar für Klassische Philologie, Schloß, 68131 Mannheim, Tel. 06 21/2 92 56 74, Fax 06 21/2 92 56 76, privat: Von-Schilling-Straße 32, 50259 Brauweiler-Pulheim, Tel. 0 22 34/8 47 07, Klassische Philologie, insbesondere Latinistik

Croll, Dr. phil. Gerhard, em. o. Professor, Universität Salzburg, Gluck-Gesamtausgabe, Bergstr. 10, 5020 Salzburg, Österreich, Tel. 00 43/06 62/80 44-46 55, Fax 00 43/06 62/80 44-46 60, privat: Alberto-Susat-Straße 2 A, 5026 Salzburg-Aigen, Österreich, Tel./Fax 00 43/06 62/62 28 35, Musikwissenschaft

Deckers, Dr. phil. Johannes Georg, o. Professor, Institut für Byzantinistik, Geschwister-Scholl-Platz 1, 80539 München, Tel. 0 89/21 80 23 99, Fax 0 89/21 80 35 78, privat: Talstr. 3, 86450 Altenmünster, Tel. 0 82 96/15 28, Frühchristliche und Byzantinische Kunstgeschichte

Dedner, Dr. phil. Burghard, Professor, Philipps-Universität, FB 09, Forschungsstelle Georg Büchner, 35032 Marburg (Paketpost: Biegenstraße 36, 35037 Marburg), Tel. 0 64 21/28 24-1 77, 28 24-1 82, Fax 0 64 21/28 24-3 00, e-mail dednerb@staff.uni-marburg.de, privat: An der Schülerhecke 34, 35037 Marburg, Tel. 0 64 21/3 42 42, Neuere deutsche Literatur

Dietz, Dr. phil. Ute Luise, Institut für Archäologische Wissenschaften, Abt. Vor- und Frühgeschichte, Grüneburgplatz 1, Hauspostfach 134, 60323 Frankfurt a. M., Tel. 0 69/79 83 21 56, Fax 0 69/79 83 21 21, e-mail dietz@em.uni-frankfurt.de, privat: Wibbeltweg 11, 48366 Laer, Tel. 0 25 54/92 17 02, Ur- und Frühgeschichte

Engels, Dr. phil. Heinrich-Josef, Im Erlich 108, 67346 Speyer, Tel. 0 62 32/2 53 46, Archäologie

Ewe, Dr. rer. nat. Henning, Professor, Hochschulübergreifender Studiengang Wirtschaftsingenieur an der Universität Hamburg, FH Hamburg, TU Hamburg-Harburg, Lohbrügger Kirchstraße 65, 21033 Hamburg, Tel. 0 40/72 52 27 15, privat: Kienenhagen 2a, 21035 Hamburg, Technisch-Physikalische Forschung

Fabian, Dr. phil. Bernhard, em. o. Professor, Englisches Seminar, Johannisstr. 12–20, 48143 Münster, Tel. 02 51/8 32 45 01, Fax 02 51/8 32 48 27, privat: Zur Windmühle 60, 48163 Münster, Tel. 0 25 01/54 92, Fax 0 25 01/5 91 48, Anglistik und Buchwissenschaft

Frankenberg, Dr. rer. nat., Dr. h. c. Peter, o. Professor, Minister für Wissenschaft, Forschung und Kunst des Landes Baden-Württemberg, Königstraße 46, 70173 Stuttgart, Tel. 07 11/2 79 30 00, Fax 07 11/2 79 32 19, e-mail frankenberg@mwk-bw.de, privat: Salinenstraße 55, 67098 Bad Dürkheim, Tel. 0 63 22/6 58 43, Geographie

Gossauer, Dr. rer. nat. Albert, Professor, Institut für Organische Chemie der Universität Freiburg, Pérolles, 1700 Freiburg i. Ue., Schweiz, privat: Route du Bugnon 30, 1752 Villars-sur-Glâne/FR, Schweiz, Tel. 00 41 26/4 02 71 77, Organische Chemie

Greule, Dr. phil. Albrecht, Professor, Institut für Germanistik der Universität Regensburg, Lehrstuhl für deutsche Sprachwissenschaft, 93040 Regensburg (Paketpost: Universitätsstraße 31, 93053 Regensburg), Tel. 09 41/9 43 34 44, Fax 09 41/9 43 49 92, e-mail albrecht.greule@sprachlit.uni-regensburg.de, privat: Hangstr. 30, 93173 Wenzenbach-Grünthal, Tel. 0 94 07/9 00 50, Deutsche Philologie

Grubmüller, Dr. phil. Klaus, o. Professor, Seminar für Deutsche Philologie der Universität, Humboldtallee 13, 37073 Göttingen, Tel. 05 51/75 25, Fax 05 51/75 11, privat: Am Steinberg 13, 37136 Seeburg, Tel. 0 55 07/23 90, Deutsche Philologie

Gutschmidt, Dr. phil. Karl, Professor, Heckelberger Ring 10, 13055 Berlin, Tel./Fax 0 30/98 63 82 05, e-mail karl.j.gutschmidt@gmx.de, Slavische Sprachwissenschaft

Hagemann, Dr. rer. nat. Wolfgang, em. Universitätsprofessor, Werderplatz 11a, 69120 Heidelberg, Tel. 0 62 21/43 92 60, Botanik

Harris, Dr. phil. Edward Paxton, o. Professor, Dept. of Germanic Languages and Literatures, University of Cincinnati, Cincinnati, Ohio 45221, USA, privat: 3309 Morrison Ave., Cincinnati, Ohio 45220, USA, Tel. 00 15 13/2 21 02 34, Fax 00 15 13/2 21 64 41, e-mail mmharris@fuse.net, Literatur, insbesondere Neuere Germanistik

Harth, Dr. phil. Helene, o. Professorin, Universität Potsdam, Institut für Romanistik, Postfach 601553, 14415 Potsdam, Tel. 03 31/9 77 23 61, Fax 03 31/9 77 20 55, e-mail harth@rz.uni-potsdam.de, privat: Zimmermannstr. 15, 12163 Berlin, Tel. 0 30/ 7 91 87 93, Romanistik, insbesondere italienische und französische Literatur

Höllermann, Dr. rer. nat. Peter, o. Professor, Geographisches Institut, Meckenheimer Allee 166, 53115 Bonn, Tel. 02 28/73 72 34, privat: Dohmstraße 2, 53121 Bonn, Tel. 02 28/62 68 85, Geographie

Holtmeier, Dr. rer. nat. Friedrich-Karl, Universitätsprofessor, Institut für Landschaftsökologie, Robert-Koch-Straße 26, 48149 Münster, Tel. 02 51/83 39 94, Fax 02 51/ 8 33 19 70, e-mail holtmei@uni-muenster.de, privat: Dionysiusstraße 6, 48329 Havixbeck, Tel. 0 25 07/77 41, Geoökologie und Biogeographie

Hundius, Dr. phil., Dr. h.c. Harald, o. Professor, Universität Passau, Innstraße 39, 94032 Passau, Tel. 08 51/5 09 28 40, 5 09 27 41, Fax 08 51/5 09 27 42, e-mail hundius @uni-passau.de, privat: Am Vogelfelsen 8, 94036 Passau, Tel./Fax 08 51/5 58 40, Sprachen u. Literaturen von Thailand und Laos

Illhardt, Dr. theol. Franz Josef, Professor, Zentrum für Ethik und Recht in der Medizin, Elsässer Str. 2m/Haus 1a, 79110 Freiburg, Tel. 02 70/72 62/60, Fax 02 70/72 63, e-mail illhardt@sfa.ukl.uni-freiburg.de, privat: Kreuzgartenstraße 2, 79238 Ehrenkirchen, Tel. 0 76 33/63 48, Ethik in der Medizin

Jockenhövel, Dr. phil. Albrecht, Universitätsprofessor, Westfälische Wilhelms-Universität, Seminar für Ur- und Frühgeschichte, Robert-Koch-Str. 29, 48149 Münster, Tel. 02 51/8 33 28 00, Fax 02 51/8 33 28 05, e-mail ufg@uni-muenster.de, privat: Breul 13 a, 48143 Münster, Ur -und Frühgeschichte

Jördens, Dr. phil. Andrea, Univ.-Professorin, Ruprecht-Karls-Universität, Institut für Altertumswissenschaften, Seminar für Papyrologie, Grabengasse 3–5, 69117 Heidelberg, Tel. 0 62 21/54-23 97, Fax 0 62 21/54-36 79, e-mail andrea.joerdens@urz. uni-heidelberg. de, privat: Huberweg 64, 69198 Schriesheim, Tel. 0 62 03/79 49 68, Papyrologie

Kambartel, Dr. rer. nat. Friedrich, o. Professor, J. W. Goethe-Universität, FB Philosophie u. Geschichtswissenschaften, Institut für Philosophie, Dantestr. 4–6, 60054 Frankfurt, Tel. 0 69/79 82 86 66, Fax 0 69/79 82 87 32, privat: Schulstr. 13, 25873 Rantrum, Tel. 0 48 48/14 77, Philosophie und Wissenschaftstheorie

Keim, Dr. phil. Anton M., Peter-Weyer-Straße 80, 55129 Mainz, Tel. 0 61 31/5 98 18, Exilliteratur

Kesel, Priv.-Doz. Dr. rer. nat. Antonia B., Universität des Saarlandes, Fakultät 8, Naturwissenschaftl. Techn. Fakultät III, FR. 8.4 Zoologie/Technische Biologie und Bionik, Im Stadtwald, 66123 Saarbrücken, Tel. 06 81/3 02 27 11, Fax 06 81/3 02 46 10, e-mail a.kesel@rz.uni-sb.de, privat: Uhlandstraße 25, 66121 Saarbrücken, Tel. 06 81/ 6 10 75, Zoologie, Biomechanik

Klein, Dr. phil. Thomas, o. Professor, Germanistisches Seminar, Universität Bonn, Am Hof 1d, 53113 Bonn, Tel. 02 28/73 77 12, privat: Zedernweg 167, 53757 St. Augustin, Tel. 0 22 41/33 01 01, Geschichte der deutschen Sprache

Koselleck, Dr. phil., Dr. h.c. Reinhart, o. Professor, Fakultät für Geschichtswissenschaft, Universitätsstraße, 33615 Bielefeld, Tel. 05 21/1 06 32 21, privat: Luisenstraße 36, 33602 Bielefeld, Tel. 05 21/17 09 61, Theorie der Geschichte

Kramer, Dr. phil. Johannes, Universitätsprofessor, FB II (Romanistik), Universität, 54286 Trier, Tel. 06 51/2 01 22 22, Fax 06 51/2 01 39 29, privat: Am Trimmelter Hof 68, 54296 Trier, Tel. 06 51/4 55 15, Fax 06 51/18 07 82, Romanische Sprachwissenschaft

Kuczera, Dr. phil. Andreas, Deutsche Kommission für die Bearbeitung der Regesta Imperii e.V. bei der Akademie der Wissenschaften und der Literatur Mainz, Geschwister-Scholl-Str. 2, 55131 Mainz, Tel. 0 61 31/57 72 11, Fax 0 61 31/57 72 14, e-mail andreas.kuczera@adwmainz.de, privat: Licher Pforte 18, 35423 Lich-Langsdorf, Tel. 0 64 04/6 59 09 77, Fax 06 41/9 91 98 24, e-mail andreas.kuczera@geschichte.uni-giessen. de, Historische Fachinformatik

Kümmel, Dr. phil. Werner F., Professor, Medizinhistorisches Institut der Johannes Gutenberg-Universität Mainz, Universitätsklinikum, 55101 Mainz, Tel. 0 61 31/3 93 71 92, Sekr. 3 93 73 56, Fax 0 61 31/3 93 66 82, e-mail wekuemme@mail.uni-mainz.de, privat: Schillerstraße 6a, 55288 Udenheim, Geschichte der Medizin

Kunze, Dr.-Ing. Ulrich, Professor, Lehr- und Forschungsbereich Werkstoffe der Elektrotechnik, Ruhr-Universität Bochum, Universitätsstraße 150/IC2, 44780 Bochum, Tel. 02 34/3 22 23 00, Fax 02 34/3 21 41 66, privat: Dahlienweg 30, 45525 Hattingen, Tel. 0 23 24/2 41 82, Werkstoffe der Elektrotechnik, Nanoelektronik

Lehfeldt, Dr. phil. Werner, Professor, Seminar für Slavische Philologie, Humboldtallee 19, 37073 Göttingen, Tel. 05 51/39 47 71, Fax 05 51/39 47 02, e-mail wlehfel@gwdg.de, privat: Steinbreite 9c, 37085 Göttingen, Tel. 05 51/7 90 70 34, Slavische Philologie

Lenz, Dr. phil., Dr. h.c. Rudolf, Professor, Forschungsstelle für Personalschriften, Biegenstraße 36, 35037 Marburg, Tel. 0 64 21/2 82 38 00, Fax 0 64 21/2 82 45 01, e-mail lenzs@staff.uni-marburg.de, privat: Wilhelmstraße 50, 35037 Marburg, Tel. 0 64 21/ 2 63 94, Sozial- und Wirtschaftsgeschichte

Meding, Olaf, Akademie der Wissenschaften und der Literatur, Geschwister-Scholl-Str. 2, 55131 Mainz, Tel. 0 61 31/57 71 15, Fax 0 61 31/57 71 17, e-mail lektorat@adw mainz.de, privat: Albert-Stohr-Str. 18, 55128 Mainz, Lektorat/Herstellung

Moulin, Dr. phil. habil. Claudine, Professorin, Universität Trier, FB II – Germanistik, Ältere deutsche Philologie, 54286 Trier, Tel. 06 51/2 01 23 05/23 21, Fax 06 51/ 2 01 39 09, e-mail moulin@uni-trier.de, privat: 55, rue Principale, 6990 Rameldange, Luxemburg, Deutsche Sprachwissenschaft

zur Mühlen, Dr. theol. Karl-Heinz, o. Professor, Evangel.-Theolog. Seminar der Universität Bonn, Abt. Kirchengeschichte, Am Hof 1, 53113 Bonn, Tel. 02 28/73 73 31, Fax 02 28/73 76 49, privat: Marienburger Str. 108, 53340 Meckenheim, Tel 0 22 25/38 12, Kirchengeschichte

Müller, Priv.-Doz. Dr. phil. Gerfrid G.W., Institut für Altertumswissenschaften, Lehrstuhl Altorientalistik der Julius-Maximilians-Universität Würzburg, Residenzplatz 2, Tor A, 97070 Würzburg, Tel. 09 31/31 25 91, e-mail gerfrid.mueller@mail.uni-wuerzburg.de, privat: Mittlerer Schafhofweg 18, 60598 Frankfurt, Tel. 0 69/63 80 98 63, Altorientalistik

Müller, Dr. phil. Klaus-Detlef, o. Professor, Eberhard-Karls-Universität Tübingen, Deutsches Seminar, Wilhelmstr. 50, 72074 Tübingen, Tel. 0 70 71/7 24 81, 0 70 71/ 7 84 39, Fax 0 70 71/53 21, e-mail klaus-detlef.mueller@uni-tuebingen.de, privat: Am Baylerberg 5, 72070 Tübingen, Tel. 0 70 73/35 15, Neuere Deutsche Literaturwissenschaft

Oettinger, Dr. phil. Norbert, Professor, Friedrich-Alexander-Universität Erlangen-Nürnberg, Institut für Vergleichende Indogermanische Sprachwissenschaft, Kochstraße 4/16, 91054 Erlangen, Tel. 0 91 31/85-2 48 50/2 93 76, Fax 0 91 31/85-2 63 90, e-mail ntoettin@phil.uni-erlangen.de, privat: Im Herrengarten 5, 91054 Buckenhof, Tel. 0 91 31/5 27 92, e-mail norbert@oettinger-online.de, Vergleichende Indogermanische Sprachwissenschaft, Hethitologie, Iranistik

Oexle, Dr. Otto Gerhard, Professor, Direktor am Max-Planck-Institut für Geschichte, Postfach 2833, 37018 Göttingen (Paketpost: Hermann-Föge-Weg 11, 37073 Göttingen), Tel. 05 51/49 56 13, Fax 05 51/49 56 70, e-mail oexle@mpgs-nts1.mpi-g.gwdg.de, privat: Planckstraße 15, 37073 Göttingen, Tel. 05 51/4 53 28, Geschichte des Mittelalters

Paul, Dr. rer. medic., M.A. Norbert W., Professor, Institut für Geschichte, Theorie und Ethik der Medizin der Johannes Gutenberg-Universität Mainz, Gebäude 906, Am Pulverturm 13, 55131 Mainz, Tel. 0 61 31/3 93 73 55/56, Fax 0 61 31/3 93 66 82, e-mail npaul@uni-mainz.de, privat: Domherrnstr. 8, 55268 Nieder-Olm, Tel. 0 61 36/ 99 41 99, Geschichte, Theorie und Ethik der Medizin

Porembski, Dr. rer. nat. Stefan, Professor, Universität Rostock, Institut für Biodiversitätsforschung i. Gr., Wismarsche Str. 8, 18051 Rostock, Tel. 03 81/4 98 19 90, Fax 03 81/4 98 19 80, e-mail stefan.porembski@biologie.uni-rostock.de, privat: Blücherstr. 66, 18055 Rostock, Tel. 03 81/4 93 46 58, Botanik

Rafiqpoor, Dr. rer. nat. M. Daud, Rheinische Friedrich-Wilhelms-Universität, Nees-Institut für Biodiversität der Pflanzen, Meckenheimer Allee 170, 53115 Bonn, Tel. 02 28/73 52 85, Fax 02 28/73 31 20, e-mail d.rafiqpoor@giub.uni-bonn.de, privat: Fuldastraße 18, 53332 Bornheim, Tel. 0 22 22/8 26 98, Geographie

Ramge, Dr. phil. Hans, o. Professor, FB 05 der Justus-Liebig-Universität Gießen, Institut für deutsche Sprache und mittelalterliche Literatur, Otto-Behaghel-Straße 10 B, 35394 Gießen, Tel. 0641/99-29040, Fax 0641/99-29049, e-mail hans.ramge@germanistik.uni-giessen.de, privat: Tilsiter Straße 3, 35444 Biebertal, Tel. 06409/7818, Germanistische Sprachwissenschaft

Raspe, Dr. med., Dr. phil. Hans Heinrich, Univ.-Professor, Direktor des Instituts für Sozialmedizin der Universität zu Lübeck, Beckergrube 43–47, 23552 Lübeck, Tel. 0451/799250, Fax 0451/7992522, e-mail raspeh@aol.com, privat: Lutherstr. 10, 23568 Lübeck, Sozialmedizin

Reiter-Theil, Dr. rer. soc. Stella, Professorin, Vorsteherin des Instituts für Angewandte Ethik und Medizinethik, Medizinische Fakultät, Universität Basel, Missionsstraße 21, 4003 Basel, Schweiz, Tel. 0041/61/2602190/91, Fax 0041/61/2602195, e-mail s.reiter-theil@unibas.ch, privat: Jakob-Saur-Straße 40, 79199 Kirchzarten, Tel. 07661/980091, Ethik in der Medizin

Rieken, Dr. phil. Elisabeth, Professorin, Fachbereich Fremdsprachliche Philologien der Philipps-Universität Marburg, Vergleichende Sprachwissenschaft, Wilhelm-Röpke-Str. 6 E, 35032 Marburg, Tel. 06421/28-24785, Fax 06421/28-24556, e-mail rieken@staff.uni-marburg.de, privat: Stresemannstraße 36, 35037 Marburg, Tel. 06421/165324, Vergleichende Sprachwissenschaft

Riemer, Dr. phil. Peter, o. Professor, Institut für Klassische Philologie der Universität des Saarlandes, 66041 Saarbrücken, Tel. 0681/3022305, Fax 0681/3023711, e-mail p.riemer@mx.uni-saarland.de, privat: Beethovenstraße 60, 66125 Saarbrücken-Dudweiler, Tel. 06897/728955, Fax 06897/728962, Klassische Philologie

Roelcke, Dr. med. Volker, Professor, Justus-Liebig-Universität Gießen, Institut für Geschichte der Medizin, Jheringstr. 6, 35392 Gießen, Tel. 0641/9947701, Fax 0641/9947709, e-mail volker.roelcke@histor.med.uni-giessen.de, privat: Dürerstr. 11, 35039 Marburg, Tel. 06421/889470, Geschichte der Medizin

Sappler, Dr. phil. Paul, Professor, Deutsches Seminar der Universität Tübingen, Wilhelmstr. 50, 72074 Tübingen, Tel. 07071/2975327, Fax 07071/295321, e-mail paul.sappler@uni-tuebingen.de, privat: Sportplatzweg 16, 72181 Starzach, Deutsche Philologie

Scheu, Dr. rer. nat. Stefan, Professor, Technische Universität Darmstadt, FB Biologie (10), Institut für Zoologie, Schnittspahnstraße 3, 64287 Darmstadt, Tel. 06151/163006, Fax 06151/166111, e-mail scheu@bio.tu-darmstadt.de, privat: Im Trappengrund 3, 64354 Reinheim, Tel. 06162/807609, Ökologie

Schmidt-Biggemann, Dr. phil. Wilhelm, Professor, Freie Universität Berlin, Direktor am Institut für Philosophie, Habelschwerter Allee 30, 14195 Berlin, Tel. 030/8385510, Fax 030/8386430, e-mail schmibig@zedat.fu-berlin.de, privat: Feldstraße 28, 12207 Berlin, Philosophie

Scholtz, Dr. phil. Gunter, Professor, Institut für Philosophie, Ruhr-Universität Bochum, 44780 Bochum (Paketpost: Universitätsstraße 150, 44801 Bochum), Tel. 02 34/3 22 21 39, Fax 02 34/3 21 40 88, e-mail gunter.scholtz@ruhr-uni-bochum.de, privat: Rauendahlstraße 78, 45529 Hattingen, Tel. 0 23 24/8 37 38, Philosophie

Schumacher, Dr. phil. Leonhard, Professor, Institut für Alte Geschichte, Johannes Gutenberg-Universität, 55099 Mainz, Tel. 0 61 31/3 92 27 51, Fax 0 61 31/3 92 38 23, privat: Mittlere Bleiche 6a, 55116 Mainz, Tel. 0 61 31/22 75 06, Alte Geschichte

Sell, Dr. rer. nat. Yves, Professor, Laboratoire de Morphologie Expérimentale, Institut de Botanique, Université Louis Pasteur, 28, Rue Goethe, 67083 Strasbourg Cedex, Frankreich, Tel. 00 33 88/35 82 77, Fax 00 33 88/35 84 84, privat: 6, Rue d'Ankara, 67000 Strasbourg, Frankreich, Tel. 00 33 88/61 21 90, Vergleichende und experimentelle Pflanzenmorphologie

Stackmann, Dr. phil., Dr. h.c. Karl, em. o. Professor, Nonnenstieg 12, 37073 Göttingen, Tel. 05 51/5 50 02, Deutsche Philologie

Tarot, Dr. phil. Rolf, Professor, Deutsches Seminar der Universität Zürich, Schönberggasse 9, 8001 Zürich, Schweiz, Tel. 0 04 11/6 34 25 43/82, Fax 0 04 11/6 34 49 05, e-mail rtarot@ds.unizh.ch, privat: Hinterer Engelstein 13, 8344 Bäretswil, Schweiz, Tel. 0 04 11/9 39 21 76, Neuere deutsche Literaturgeschichte

Tautz, Dr. rer. nat. Jürgen, o. Professor, Theodor-Boveri-Institut (Biozentrum) der Universität, Lehrstuhl für Verhaltensphysiologie und Soziobiologie, Am Hubland, 97074 Würzburg, Tel. 09 31/8 88 43 19, Fax 09 31/8 88 43 09, e-mail tautz@biozentrum.uni-wuerzburg.de, privat: Hohe-Baum-Straße 22, 97295 Waldbrunn, Tel. 0 93 06/81 74, Verhaltensphysiologie und Soziobiologie

Wallmoden, Thedel von, Verleger, Wallstein Verlag GmbH, Geiststraße 11, 37073 Göttingen, Tel. 05 51/5 48 98-0, Fax 05 51/5 48 98-33, e-mail tvwallmoden@wallstein-verlag.de, privat: Merkelstraße 9, 37085 Göttingen, Tel. 05 51/5 51 05, Literatur

Weber, Dr. rer. nat. Hans, em. o. Professor, Institut für Spezielle Botanik und Botanischer Garten, Saarstraße 21, 55122 Mainz, Tel. 0 61 31/3 92 26 24, privat: Oechsnerstraße 10, 55131 Mainz, Tel. 0 61 31/5 38 48, Botanik

Wiesemann, Dr. med. Claudia, Professorin, Ethik und Geschichte der Medizin, Georg-August-Universität Göttingen, Humboldtallee 36, 37073 Göttingen, Tel. 05 51/39 90 06, Fax 05 51/39 95 54, e-mail cwiesem@gwdg.de, Ethik und Geschichte der Medizin

Willroth, Dr. phil. Karl-Heinz, Universitätsprofessor, Direktor des Seminars für Ur- und Frühgeschichte der Georg-August-Universität Göttingen, Nikolausberger Weg 15, 37073 Göttingen, Tel. 05 51/39 50 81, Fax 05 51/39 64 59, e-mail willroth@uni-ufg.gwdg.de, privat: Tilsiter Straße 9, 37120 Bovenden, Tel. 05 51/8 12 10, Ur- und Frühgeschichte

Winau, Dr. phil., Dr. med. Rolf, o. Professor, Institut für Geschichte der Medizin der FU Berlin, Klingsorstraße 119, 12203 Berlin, Tel. 0 30/83 00 92 30/31, Fax 0 30/ 83 00 92 37,e-mail winau@medizin.fu-berlin.de, privat: Nicolaistraße 50, 12247 Berlin, Tel./Fax 0 30/7 71 17 65, Geschichte der Medizin

Winter, Dr. med. Stefan, Professor, Staatssekretär im Ministerium für Arbeit, Gesundheit und Soziales des Landes Nordrhein-Westfalen, Fürstenwall 25, 40219 Düsseldorf, Tel. 02 11/8 55 31 20, Fax 02 11/8 55 32 65, e-mail stefan.winter@mags.nrw.de, Molekulare Medizin, Gesundheitstechnologiebewertung

Wlosok, Dr. phil. Antonie, o. Professor, Seminar für Klassische Philologie der Johannes Gutenberg-Universität Mainz, 55099 Mainz (Paketpost: Saarstraße 21, 55122 Mainz), Tel. 0 61 31/3 92 23 35, Fax 0 61 31/3 92 47 97, privat: Elsa-Brändström-Straße 19, 55124 Mainz, Tel. 0 61 31/68 15 84, Klassische Philologie

Woesler, Dr. phil. Winfried, Professor, FB Sprach- und Literaturwissenschaft, Universität Osnabrück, Neuer Graben 40, 49069 Osnabrück, Tel. 05 41/9 69 43 66, Fax 05 41/9 69 42 56, e-mail wwoesler@uos.de, privat: August-Schlüter-Str. 39, 48249 Dülmen, Tel. 0 25 94/8 49 44, Fax 0 25 94/94 87 52, Neuere deutsche Literatur, Editionswissenschaft

Zeittafel

EHRENMITGLIEDER

Datum der Wahl	
22.6.1990	Albrecht Martin
21.6.1996	Sibylle Kalkhof-Rose
16.7.1999	Roman Herzog

ORDENTLICHE MITGLIEDER

Datum der Wahl	Mathematisch-naturwissenschaftliche Klasse	Geistes- und sozialwissenschaftliche Klasse	Klasse der Literatur
23.10.1959		Heinrich Otten	
29. 4.1965			Hans Bender
29. 4.1965			Walter Helmut Fritz
29. 7.1966			Peter Härtling
29. 7.1966		Wolfgang P. Schmid	
16. 2.1968			Dieter Wellershoff
11.10.1968	Johannes Rohen		
11. 4.1969	Peter Ax		
11. 7.1969			Dieter Hoffmann
13. 2.1970	Wilhelm Lauer		
13. 2.1970	Martin Lindauer		
10. 4.1970			Elisabeth Borchers
10. 4.1970	Karl Hans Wedepohl		
16.10.1970			Bernhard Zeller
23. 4.1971	Rudolf Zahn		
16. 7.1971		Hermann Lange	
11. 2.1972	Eugen Seibold		
11. 2.1972		Harald Zimmermann	
12.10.1973			Barbara König
29. 4.1977		Ernst Heitsch	
29. 4.1977		Clemens Zintzen	
17. 2.1978		Reiner Haussherr	
28. 4.1978			Bruno Hillebrand
28. 4.1978		Werner Schröder	
16. 2.1979		Gerhard Müller	
9.11.1979	Wilhelm Klingenberg		
9.11.1979	Hans Kuhn		
9.11.1979	Günter Lautz		
9.11.1979	Helmut Ringsdorf		
9.11.1979			Erwin Wickert
7.11.1980		Bernard Andreae	
7.11.1980	Werner Nachtigall		

Datum der Wahl	Mathematisch-naturwissenschaftliche Klasse	Geistes- und sozialwissenschaftliche Klasse	Klasse der Literatur
23. 4.1982			Ludwig Harig
5.11.1982			Tankred Dorst
17. 2.1984			Jürgen Becker
17. 2.1984			Michael Krüger
17. 2.1984	Ernst Mutschler		
4. 5.1984	Burkhard Frenzel		
6. 7.1984	Hans Bock		
26.10.1984		Hans-Henrik Krummacher	
8.11.1985			Norbert Miller
8.11.1985	Günter Hotz		
8.11.1985		Reinhold Zippelius	
14. 2.1986	Ernst Wilhelm Otten		
20. 6.1986			Uwe Pörksen
26. 6.1987	Robert F. Schmidt		
6.11.1987		Walter W. Müller	
19. 2.1988			Herbert Rosendorfer
24. 6.1988		Klaus Ganzer	
4.11.1988	Manfred Pilkuhn		
17. 2.1989			Eva Zeller
3.11.1989			Dieter Kühn
16. 2.1990		Michael Müller-Wille	
16. 2.1990			Guntram Vesper
9.11.1990	Wilhelm Barthlott		
15. 2.1991	Gustav Kollmann		
15. 2.1991		Fred Otten	
19. 4.1991		Otmar Issing	
21. 6.1991			Eckart Kleßmann
21. 6.1991	Friedrich Strauch		
8.11.1991	Elke Lütjen-Drecoll		
8.11.1991		Albrecht Riethmüller	
8.11.1991	Jörn Thiede		
14. 2.1992			Harald Hartung
14. 2.1992		Michael Stolleis	
6.11.1992	Thomas Weiland		
4. 2.1993	Matthias Schaefer		
25. 6.1993	Niels-Peter Birbaumer		
25. 6.1993		Hansjoachim Henning	
25. 6.1993		Oskar von Hinüber	
5.11.1993			Hugo Dittberner
22. 4.1994		Helmut Hesse	
24. 6.1994	Michael Grewing		
4.11.1994			Wulf Kirsten
4.11.1994			Helga Schütz
17. 2.1995	Matthias Winiger		

Datum der Wahl	Mathematisch-naturwissenschaftliche Klasse	Geistes- und sozialwissenschaftliche Klasse	Klasse der Literatur
23. 6.1995		Dieter Mehl	
10.11.1995	Bernhard Fleckenstein		
23. 2.1996	Bernt Krebs		
8.11.1996	Gerhard Wegner		
18. 4.1997		Wolfgang Haubrichs	
20. 6.1997	Ekkehard Ramm		
8.11.1997		Johannes Fried	
27. 2.1998	Jürgen Jost		
19. 6.1998		Klaus-Michael Kodalle	
6.11.1998		Heinz Heinen	
6.11.1998			Arnold Stadler
6.11.1998	Peter W. Vaupel		
18. 2.2000	Ulf R. Rapp		
16. 6.2000		Kurt Sier	
3.11.2000		Irene Dingel	
3.11.2000		Gernot Wilhelm	
16. 2.2001			Albert v. Schirnding
20. 4.2001		Heinz Duchhardt	
22. 6.2001		Jan Schröder	
22. 6.2001		J.-Matthias Graf von der Schulenburg	
9.11.2001			Manfred Osten
22. 2.2002	Johannes Buchmann		
22. 2.2002	Günter Gottstein		
22. 2.2002	Wolfgang Wahlster		
22. 2.2002			Hans Dieter Schäfer
19. 4.2002		Helwig Schmidt-Glintzer	
21. 6.2002	Horst Bleckmann		
21. 6.2002	Bernhard Schink		
8.11.2002	Kurt Binder		
8.11.2002	Stephan Luckhaus		
21. 2.2003		Dorothee Gall	
21. 2.2003	Volker Mosbrugger		
25. 4.2003		Frank Baasner	
25. 4.2003		Ernst Osterkamp	
4. 7.2003		Henner von Hesberg	
4. 7.2003		Johannes Meier	
7.11.2003		Martin Carrier	
7.11.2003			Heinrich Detering
7.11.2003	Joachim Maier		
7.11.2003	Michael Röckner		
13. 2.2004	Peter Wriggers		
16. 4.2004			Sigrid Damm
16. 4.2004		Wolfgang Schweickard	
18. 6.2004			Daniel Kehlmann
5.11.2004			Dirk von Petersdorff

Datum der Wahl	Mathematisch-naturwissenschaftliche Klasse	Geistes- und sozialwissenschaftliche Klasse	Klasse der Literatur
22. 4.2005		Christa Jansohn	
22. 4.2005		Renate Wittern-Sterzel	
21. 4.2006		Günther Schulz	
23. 6.2006	Reiner Anderl		
23. 6.2006			Angela Krauß
23. 6.2006			Karl-Heinz Ott
3.11.2006	Karsten Danzmann		

KORRESPONDIERENDE MITGLIEDER

Datum der Wahl	Mathematisch-naturwissenschaftliche Klasse	Geistes- und sozialwissenschaftliche Klasse	Klasse der Literatur
29. 4.1955	Cahit Arf		
28. 7.1961		Louis Bazin	
26. 4.1963	Otto Westphal		
30.10.1964		Werner Thomas	
11. 7.1969			Gerda Zeltner-Neukomm
10.10.1969	Günther Osche		
12. 2.1971			Lars Gustafsson
16. 7.1971		Karlfried Gründer	
15.10.1971		Pierre Hadot	
13.10.1972	Gert Haberland		
14.10.1972	Friedrich Hirzebruch		
16. 2.1973	Paul Schölmerich		
29. 6.1973	Franz Huber		
28. 6.1974		Hermann Lübbe	
11.10.1974		Nikolaus Himmelmann	
14. 2.1975		Kurt Böhner	
14. 2.1975		Wolfgang Kleiber	
11. 4.1975	Paul Stefan Vogel		
27. 6.1975		Stephan Waetzoldt	
27. 6.1975			A. Leslie Willson
25. 6.1976		Vytautas Mažiulis	
15.10.1976	Georg Dhom		
15.10.1976	Hansjörg Sinn		
11. 2.1977	Günther Ludwig		
11. 2.1977	Rüdiger Wehner		
29. 4.1977			Volker Braun
14.10.1977	Franz Baumgärtner		
28. 4.1978	Focko Weberling		
29. 6.1979	Jürgen Ehlers		
9.11.1979			Adolf Muschg
27. 6.1980		Carl Werner Müller	
27. 6.1980		Otto Zwierlein	
13. 2.1981	Erhard Scheibe		
24. 4.1981		Ludwig Finscher	
24. 4.1981	Hans Grauert		
24. 4.1981	Reinhard Schlögl		
23. 4.1982	Alfred G. Fischer		
23. 4.1982	Joachim-Hermann Scharf		
24. 6.1983	Karl Georg Götz		
24. 6.1983	Werner Loher		
17. 2.1984	Fritz Peter Schäfer		
6. 7.1984		Max Pfister	
26.10.1984	Günter Herrmann		

Datum der Wahl	Mathematisch-naturwissenschaftliche Klasse	Geistes- und sozialwissenschaftliche Klasse	Klasse der Literatur
26.10.1984	Dieter Oesterhelt		
22. 2.1985	Wolfgang Gerok		
22. 2.1985		Friedhelm Debus	
28. 6.1985	Karl Heinz Büchel		
20. 6.1986	Heinz Harnisch		
7.11.1986		Maria Radnoti-Alföldi	
13. 2.1987		Karl Lehmann	
26. 6.1987		Peter Brang	
6.11.1987		Werner Welzig	
6.11.1987		Paul Anthony Samuelson	
22. 4.1988		Marc Lienhard	
24. 6.1988	Karl-Hermann Meyer zum Büschenfelde		
4.11.1988	Eric Richard Kandel		
17. 2.1989		Heinrich Koller	
14. 4.1989		Hans-Peter Schwarz	
23. 6.1989			Klaus-D. Lehmann
23. 6.1989	Herbert Miltenburger		
3.11.1989	Jean-Marie Lehn		
3.11.1989	Günther S. Stent		
16. 2.1990	Christoph Fuchs		
16. 2.1990	Wolfgang A. Herrmann		
27. 4.1990			György Konrád
27. 4.1990	Dieter Seebach		
22. 6.1990	Axel Michelsen		
22. 6.1990		Kurt Gärtner	
19. 4.1991	Jörg Michaelis		
2. 4.1992	Helmut Ehrhardt		
2. 4.1992		Rainer Kahsnitz	
6.11.1992	Gerhard Furrer		
6.11.1992	Bruno Messerli		
5.11.1993	Klaus Kirchgässner		
5.11.1993	David Sandeman		
18. 2.1994		Bernhard Diestelkamp	
18. 2.1994	Christian Rittner		
18. 2.1994		Heinz Josef Thissen	
22. 4.1994		Werner Habicht	
22. 4.1994			Michael Lützeler
22. 4.1994	Randolf Menzel		
22. 4.1994	Arndt Simon		
22. 4.1994		Manfred Streit	
24. 6.1994		Heinrich Oberreuter	
19. 4.1996	Dietrich H. Welte		
18. 4.1997		Michel Parisse	
24. 4.1998	Eric Mikhailovich Galimov		
24. 4.1998	Eckehart Jäger		

Datum der Wahl	Mathematisch-naturwissenschaltliche Klasse	Geistes- und sozialwissenschaftliche Klasse	Klasse der Literatur
19. 6.1998		Adolf Borbein	
19. 6.1998		Brian Charles Gibbons	
6.11.1998		Otto Kresten	
5.11.1999		Hans-Markus von Kaenel	
18. 2.2000		Florian Tennstedt	
18. 2.2000		Thomas Würtenberger	
14. 4.2000	Carlos Belmonte		
14. 4.2000	Ruth Duncan		
14. 4.2000			Anne Duden
14. 4.2000			Tuvia Rübner
20. 4.2001		Hans-Albert Rupprecht	
22. 6.2001		Jürgen Falter	
9.11.2001	Franz Grehn		
9.11.2001			Adam Zagajewski
22. 2.2002		Renate Belentschikow	
22. 2.2002		Márta Font	
19. 4.2002		Gottfried Gabriel	
19. 4.2002			Claudio Magris
21. 6.2002		Walter Slaje	
25. 4.2003	Michel Eichelbaum		
25. 4.2003		Ludwig Maximilian Eichinger	
7.11.2003	Carsten Carstensen		
13. 2.2004	Martin Claußen		
13. 2.2004	Thomas Stocker		
18. 2.2005		Wolfram Steinbeck	
4.11.2005	Hans-Jochen Heinze		
17. 2.2006		Stefan Hradil	
17. 2.2006	Hans-Georg Rammensee		
23. 6.2006	Johannes Janicka		
23. 6.2006	André Reis		
23. 6.2006	Michael Veith		

LEIBNIZ-MEDAILLE

Im Oktober 1960 hat die Akademie als höchste Auszeichnung, die sie zu vergeben hat, die Leibniz-Medaille gestiftet. Sie wird bestimmungsgemäß an Persönlichkeiten verliehen, die sich um die Akademie besonders verdient gemacht haben.

Die Medaille zeigt auf der Vorderseite das gleiche Bild von Leibniz wie auf dem Medaillon an der Kette des Präsidenten. Die Umschrift lautet: „Academia scientiarum et literarum Moguntina". Auf der Rückseite wird der Name des Ausgezeichneten eingraviert. Er ist mit der Umschrift umgeben: „Fautori gratias agit plurimas". Nach der Verleihung einer Leibniz-Medaille bleiben die Geehrten der Akademie verbunden. Sie können an den wissenschaftlichen Sitzungen teilnehmen.

INHABER DER LEIBNIZ-MEDAILLE

Verleihungsjahr

1974   Dr. Johannes Baptist Rösler
ehem. Bürgerbeauftragter des Landes Rheinland-Pfalz, Mainz

1979   Professor Dr. Werner Krämer
ehem. Präsident des Deutschen Archäologischen Instituts

1981   Dr. Hanna-Renate Laurien
Berlin

1982   Kuno Huhn
Notar a. D., Mainz

1983   Professor Dr. Hans Rüdiger Vogel
Frankfurt a. M.

1985   Albrecht Martin
Staatsminister a. D.

1987   Hans Helzer
Rektor a. D.
Altenkirchen

1987   Professor Dr. Klaus Töpfer
Bundesminister a. D.

1988   Professor Dr. Dr. Herbert Franke
Gauting

1989   Professor Dr. Rita Süssmuth
ehem. Präsidentin des Deutschen Bundestages

1989   Dr. Bernhard Vogel
Ministerpräsident a. D. des Landes Thüringen

1990   Dr. Marie-Luise Zarnitz
Tübingen

1991	Professor Dr. Fritz Preuss Bad Dürkheim
1991	Dr. Heinz Peter Volkert Landtagspräsident a. D. Koblenz
1992	Sibylle Kalkhof-Rose Mainz
1993	Walter P. Becker Direktor a. D. des Landtages Rheinland-Pfalz Mainz
1994	Dr. Wolfgang Paulig Ministerialrat a. D. Bonn
1995	Rolf Möller Staatssekretär a. D. Generalsekretär der Volkswagen-Stiftung a. D. Bonn
1996	August Frölich Ministerialdirigent a. D. Mainz
1997	Dr. h.c. Sylvester Rostosky Bonn
1998	Dr. jur. Hans Franzen Wiesbaden
1999	Professor Dr. Siegfried Grosse Bochum
1999	Professor Dr. Rudolf Meimberg Neu-Isenburg
2000	Professor Dr. Josef Reiter Mainz
2001	Dr. Wilhelm Krull Hannover
2002	Dr. h.c. Klaus G. Adam Mainz
2003	Jens Beutel Oberbürgermeister der Stadt Mainz
2004	Christoph Grimm Präsident a. D. des Landtags Rheinland-Pfalz

2005   Professor Dr. Peter Schwenkmezger
Präsident der Universität Trier

2006   Professor Dr. Jürgen Zöllner
Minister für Wissenschaft, Weiterbildung, Forschung und Kultur
des Landes Rheinland-Pfalz

VERSTORBENE INHABER DER LEIBNIZ-MEDAILLE

(Todesdaten in Klammern)

Peter Altmeier (28.8.1977)
Horst Backsmann (9.7.1984)
Siegfried Balke (11.6.1984)
Otto Bardong (10.12.2003)
Hugo Brandt (12.9.1989)
Heinrich Delp (2.1.1973)
Klaus-Berto von Doemming (28.1.1993)
Hermann Eicher (30.7.1984)
Karl-August Forster (11.9.1984)
Jockel Fuchs (6.3.2002)
Gotthard Gambke (1.12.1988)
Mathilde Gantenberg (29.10.1975)
Irène Giron (29.4.1988)

Herbert Grünewald (14.7.2002)
Walter Kalkhof-Rose (6.7.1988)
Adolf Kern (15.5.1963)
Ernst Nord (7.9.1981)
Eduard Orth (31.3.1968)
Konrad Petersen (21.6.1990)
Ernst Schäck (14.2.1998)
Werner T. Schaurte (25.7.1978)
Adolf Steinhofer (20.8.1990)
Adolf Süsterhenn (24.11.1974)
Wolfgang Treue (10.9.1989)
Richard Voigt (10.3.1970)
Otto van Volxem (16.2.1994)
Otto Wegner (12.3.1984)

WILHELM-HEINSE-MEDAILLE

Die Akademie der Wissenschaften und der Literatur hat eine Wilhelm-Heinse-Medaille ins Leben gerufen, die für essayistische Literatur im weitesten Sinne vergeben wird. Die Medaille ist die letzte plastische Arbeit des Münchner Bildhauers Toni Stadler. Um eine Kontinuität und zugleich eine Beschränkung des Preises zu gewährleisten, wurden von der Medaille 20 Abgüsse genommen.

Die Medaille trägt den Namen des Dichters Wilhelm Heinse (1746–1803), der seit 1786 als Vorleser, seit 1787 als Bibliothekar des Kurfürsten Karl Joseph ihn und dessen Hofstaat mit seinem „Ardinghello und die glückseeligen Inseln" in Mainz ergötzte. Durch neue Impulse hatte Heinse auf die Kunst-Schriftstellerei und Musik-Schriftstellerei seiner Zeit, aber auch auf die der Romantik, nachhaltigen Einfluß.

PREISTRÄGER DER WILHELM-HEINSE-MEDAILLE

Verleihungsjahr

1978	Professor Michael Hamburger, B. A., M.A. (London)
1979	Susan Sontag (New York und Paris) † 28.12.2004
1980	Giorgio Manganelli (Rom) † 28.5.1990
1981	Professor Dr. Dr. h.c. Dolf Sternberger (Darmstadt) † 27.7.1989
1982	Dr. h.c. Octavio Paz (Mexiko) † 19.4.1998
1983	Professor Dr. h.c. Marcel Reich-Ranicki (Frankfurt a. M.)
1984	Professor Hans Heinz Stuckenschmidt (Berlin) † 15.8.1988
1985	Professor Hans Schwab-Felisch (Meerbusch) † 19.10.1989
1986	Professor Dr. Werner Haftmann (Waakirchen) † 29.7.1999
1987	Dr. Werner Kraft (Jerusalem) † 13.6.1991
1988	Carola Stern (Köln)
1989	György Konrád (Budapest)
1990	Dr. Eduard Beaucamp (Frankfurt a. M.)
1991	Albrecht Fabri (Köln) † 11.2.1998
1992	Philippe Jaccottet (Grignan)
1994	Professor Dr. Karl Heinz Bohrer (Bielefeld)
1996	Dr. Rüdiger Safranski (Berlin)
1997	Dr. Martin Walser (Nußdorf)
1999	Dr. Günter Metken (Paris) † 29.3.2000
2001	Dieter Hoffmann (Markt Geiselwind/Ebersbrunn)

NOSSACK-AKADEMIEPREIS
für Dichter und ihre Übersetzer

Der Preis wird Dichtern und ihren Übersetzern von der Klasse der Literatur unter dem Patronat der Akademie verliehen. Er ist benannt nach dem 1977 verstorbenen Mitglied der Klasse der Literatur Hans Erich Nossack. Ausgezeichnet werden mit diesem Preis richtungsweisende literarische Arbeiten und deren Übertragung, die schöpferische Qualität hat.

Der Preis wird in der Regel im Turnus von zwei Jahren verliehen.

PREISTRÄGER DES NOSSACK-AKADEMIEPREISES

Verleihungsjahr

1993	Michel Butor und Helmut Scheffel
1995	Lars Gustafsson und Verena Reichel
1998	Antonio Tabucchi und Karin Fleischanderl
2000	Adam Zagajewski und Karl Dedecius
2002	Paavo Haavikko, Manfred Peter Hein und Gisbert Jänicke

JOSEPH-BREITBACH-PREIS

Nach dem Willen des am 9. Mai 1980 in München verstorbenen Literaten Joseph Breitbach, der in Koblenz geboren, in Paris gelebt hat, verleiht die Akademie im Zusammenwirken mit der Stiftung Joseph Breitbach alljährlich einen Literaturpreis. Er trägt den Namen Joseph-Breitbach-Preis der Akademie der Wissenschaften und der Literatur, Mainz. Mit dem Preis sollen deutschsprachige Werke aller Literaturgattungen ausgezeichnet werden. Die Preissumme kann unter verschiedenen Autoren aufgeteilt werden.

Verleihungsjahr

1998	Hans Boesch († 21.6.2003), Friedhelm Kemp, Brigitte Kronauer
1999	Reinhard Jirgl, Wolf Lepenies, Rainer Malkowski († 1.9.2003)
2000	Ilse Aichinger, W. G. Sebald († 14.12.2001), Markus Werner
2001	Thomas Hürlimann, Ingo Schulze, Dieter Wellershoff
2002	Elazar Benyoëtz, Erika Burkart, Robert Menasse
2003	Christoph Meckel, Herta Müller, Harald Weinrich
2004	Raoul Schrott
2005	Georges-Arthur Goldschmidt
2006	Wulf Kirsten

ORIENT- UND OKZIDENT-PREIS

Der von der Erwin-Wickert-Stiftung vergebene Preis wird an Persönlichkeiten aus grundsätzlich allen Bereichen des politischen, wissenschaftlichen und kulturellen Lebens vergeben. Sie haben ungeachtet ihrer Herkunft in Leben und Werk fernöstliche und westliche Traditionen zusammengeführt und bereits durch bedeutende Leistungen das Verständnis für den anderen Kulturkreis bewiesen und dafür internationale Anerkennung gefunden.

Verleihungsjahr

2006   Ieoh Ming Pei, New York

AKADEMIEPREIS DES LANDES RHEINLAND-PFALZ

Das Land Rheinland-Pfalz hat im Zusammenwirken mit der Akademie der Wissenschaften und der Literatur, Mainz, einen Preis gestiftet, der im Bereich der Hochschulen des Landes Rheinland-Pfalz herausragende und vorbildhafte Leistungen in Lehre und Forschung auszeichnen soll. Zugleich soll durch diese Ehrung eine Persönlichkeit hervorgehoben werden, die durch ihr engagiertes Wirken maßgebend den wissenschaftlichen Nachwuchs gefördert hat.

Verleihungsjahr

2001   Professor Dr. Helmut Neunzert, Kaiserslautern
2002   Professor Dr. Alfred Haverkamp, Trier
2003   Professor Dr. Gregor Hoogers, Trier
2004   Professor Dr. Stephan Borrmann, Mainz
2005   Professor Dr. Eckhard Friauf, Kaiserslautern
2006   Professor Claudia Eder, Mainz

WALTER KALKHOF-ROSE-GEDÄCHTNISPREIS

Der von Sibylle Kalkhof-Rose gestiftete Preis erinnert an das 1988 verstorbene Ehrenmitglied und den Inhaber der Leibniz-Medaille Walter Kalkhof-Rose und hat zum Ziel, den wissenschaftlichen Nachwuchs zu fördern. Der Preis wird durch die Akademie abwechselnd in den Natur- und in den Geisteswissenschaften vergeben.

Verleihungsjahr

1995   Dr. Ernst Tamm, National Institute of Health, Bethesda/USA
1996   Dr. Laurenz Lütteken, Münster
1997   Dr. Jörg Bendix, Bonn

1998 Dr. Stefan Trappen, Mainz
1999 Dr. Stefanie Reese, Hannover
2000 Dr. Johann Graf Lambsdorff, Göttingen
2001 Dr. Hubertus Fischer, Bremen
2002 Dr. Christian Baldus, Köln
2003 Dr. Jochen Kaiser, Tübingen
2005 Dr. Ralf Weberskirch, München
2006 Dr. Miloš Vec, Frankfurt/M.

PREIS DER COMMERZBANK-STIFTUNG

Der Förderpreis der Commerzbank-Stiftung soll jüngere engagierte Wissenschaftler, die in ihrem Fach schon arriviert sind, ermutigen, auf dem eingeschlagenen Weg fortzufahren, ihr Fach zu fördern und ihm eine nachhaltige Akzeptanz zu erwirken. Der Preis ist mit 10.000 € dotiert und wird wechselnd zwischen Geistes- und Naturwissenschaften alle zwei Jahre verliehen.

Verleihungsjahr
2004 Professor Dr. Christa Jansohn, Bamberg (Anglistik)

RUDOLF-MEIMBERG-PREIS

Der von Professor Dr. Rudolf Meimberg gestiftete Preis wird verliehen für herausragende in- oder ausländische Publikationen, in denen der Verantwortung des Menschen für sich und die Allgemeinheit in besonderer Weise Rechnung getragen wird oder für Forschungen im Bereich der griechisch-orientalischen Altertumskunde in Verbindung zur Kultur der Gegenwart sowie der Tradition des Humanismus und der Humanität.

Verleihungsjahr
1996 Dr. Stephanie-Gerrit Bruer, Stendal
1998 Professor Dr. Kurt Sier, Leipzig
1999 Professorin Dr. Weyma Lübbe, Leipzig
2001 Professor Dr. Dr. h.c. mult. Claudio Leonardi, Florenz
2003 Professor Dr. Jens Halfwassen, Heidelberg
2005 Professor Dr. Dr. h.c. Kurt Flasch, Bochum

EHRENRING DER AKADEMIE

Im Juni 2000 hat die Akademie die Vergabe eines Ehrenringes an Persönlichkeiten beschlossen, die sich durch mäzenatische Unterstützung von Akademieprojekten ausgezeichnet haben.

Der Ehrenring ist eine Kopie des goldenen Siegelrings Athen, Nationalmuseum, Inv. Nr. 8455 (CMS I Nr. 218), aus Grab XLIV der mykenischen Nekropole von Prosymna in der Argolis. Das Original stammt aus der Zeit um 1500 v. Chr. Die heraldische Szene gibt zwei sitzende Greifen wieder, die eine tordierte Säule flankieren.

Träger des Ehrenrings

2000   Dr. Malcom Wiener, New York

FÖRDERPREIS BIODIVERSITÄT

Der auf eine Stiftung zurückgehende Förderpreis wird an Nachwuchswissenschaftler verliehen, die eine herausragende Arbeit auf dem Gebiet der Biodiversitätsforschung vorgelegt haben. Der Preis versteht sich als Beitrag zur Förderung des akademischen Nachwuchses und als Motivation, eine wissenschaftliche Laufbahn entschlossen zu verfolgen.

Preisträger

1996   Dr. Pierre Leonhard Ibisch, Bonn

1999   Sonja Migge, Calgary

2000   Gerold Kier, Bonn

2001   Dipl.-Biol. Alexandra Klein, Göttingen

2002   Jens Mutke, Bonn

2003   Dr. Herbert Nickel, Göttingen

2004   Dipl.-Biol. Kai Müller, Bonn

2005   Dr. Judith Rothenbücher, Göttingen

2006   Dipl.-Biol. Claudia Koch, Bonn

WALTER UND SIBYLLE KALKHOF-ROSE-STIFTUNG

Frau Sibylle Kalkhof-Rose hat eine öffentliche Stiftung des Bürgerlichen Rechts errichtet. Zweck der Stiftung ist die Förderung und Weiterbildung des besonders qualifizierten wissenschaftlichen Nachwuchses. Es sollen alle wissenschaftlichen Fachrichtungen ausgewogen berücksichtigt werden. Die Stiftung verwirklicht ihre Ziele insbesondere durch die Vergabe von Habilitationsstipendien und Sachmitteln an förderungswürdige Personen. Die Förderungsmaßnahmen werden über die Akademie der Wissenschaften und der Literatur, Mainz, abgewickelt, deren Präsident Mitglied der Stiftung ist.

KURT-RINGGER-STIFTUNG

Der 1988 verstorbene Mainzer Romanist hatte die Akademie als Alleinerbin eingesetzt. Nach Verwertung des Vermögens ist eine Stiftung zur Förderung der romanistischen Forschung errichtet worden. Die Stiftung verwirklicht ihre Ziele insbesondere durch Vergabe von Stipendien, Sachmitteln und Druckkostenzuschüssen.

ERWIN-WICKERT-STIFTUNG

Die Stiftung dient dem literarischen Werk und Nachlaß sowie dem politischen Nachlaß, der Biographie und der Korrespondenz des Stifters Erwin Wickert, langjähriger Diplomat im Fernen Osten und Mitglied der Klasse der Literatur. Sie fördert außerdem das Verständnis zwischen Ostasien und dem Westen. Zu diesem Zwecke werden Sachkosten, Zuschüsse und Honorare vergeben.

WILHELM-LAUER-STIFTUNG

Die von dem Geographen Wilhelm Lauer, Mitglied der Mathematisch-naturwissenschaftlichen Klasse der Akademie, ins Leben gerufene Stiftung dient der Förderung der Erdwissenschaftlichen Forschung. Zu diesem Zwecke werden Stipendien und Zuschüsse an Personen vergeben, die im Sinne des Stiftungszwecks handeln, ferner Publikationen bezuschußt, die aus solchen Arbeiten entstanden sind.

COLLOQUIA ACADEMICA

Im Zusammenwirken mit dem Minister für Bildung, Wissenschaft und Weiterbildung des Landes Rheinland-Pfalz und der Johannes Gutenberg-Universität Mainz hat die Akademie 1995 die Veranstaltung *Colloquia Academica – Akademievorträge junger Wissenschaftler* geschaffen. Junge Geistes- und Naturwissenschaftler sollen sich in Vortrag und anschließender Diskussion einem fachkompetenten Publikum in der Akademie vorstellen. Die jungen Gelehrten sollen in die Forschungsbereiche der Akademie einbezogen werden und auf diese Weise eine Ermutigung in ihren Bestrebungen erfahren; andererseits will die Akademie mit dieser Veranstaltungsreihe dokumentieren, daß sie sich der Förderung des hochqualifizierten wissenschaftlichen Nachwuchses verpflichtet weiß.

Folgende Vorträge wurden gehalten:

21. April 2006:

PD Dr. Myriam Winning, Max-Planck-Institut für Eisenforschung, Düsseldorf: Korngrenzen auf Wanderschaft – Wege zum Design metallischer Werkstoffe

PD Dr. Wolf-Friedrich Schäufele, Institut für Europäische Geschichte, Mainz: Der Pessimismus des Mittelalters

Die Vorträge sind in den Abhandlungen der Mathematisch-naturwissenschaftlichen bzw. der Geistes- und sozialwissenschaftlichen Klasse im Franz Steiner Verlag, Stuttgart erschienen.

POETIKDOZENTUR DER AKADEMIE DER WISSENSCHAFTEN UND DER LITERATUR AN DER UNIVERSITÄT MAINZ

Die Poetikdozentur wurde 1980 begründet. Im Rahmen von Seminaren bietet sie Studenten der Literaturwissenschaft die Möglichkeit, im Gespräch mit Schriftstellern poetologische Fragen zu diskutieren. Mit einem öffentlichen Vortrag in der Universität stellen sich die Autoren abschließend einem größeren Publikum vor.

WS 1980/81:	Jürgen Becker
WS 1981/82:	Helmut Heißenbüttel
SS 1982:	Hans Jürgen Fröhlich
WS 1982/83:	Hans Bender
SS 1983:	Walter Helmut Fritz
WS 1983/84:	Paul Wühr
SS 1984:	Herbert Heckmann
WS 1984/85:	Klaus Hoffer
SS 1985:	Ludwig Harig
WS 1985/86:	Ralph Thenior
SS 1986:	Guntram Vesper
WS 1986/87:	Christoph Meckel
SS 1987:	Eva Zeller
WS 1987/88:	Franz Mon
SS 1988:	Gabriele Wohmann
WS 1988/89:	Hans Jürgen Heise
SS 1989:	Paul Wühr
WS 1989/90:	Hilde Domin
SS 1990:	Dieter Hoffmann
WS 1990/91:	Heinz Czechowski
SS 1991:	Zsuzsanna Gahse
WS 1991/92:	Franz Mon; Walter Helmut Fritz; Guntram Vesper; Rainer Malkowski; Wulf Kirsten; Uwe Wittstock
SS 1992:	Herbert Heckmann; Harald Hartung
WS 1992/93:	Elisabeth Borchers
SS 1993:	Ulrich Woelk
WS 1993/94:	Michael Zeller
SS 1994:	Dagmar Leupold
WS 1994/95:	Harald Hartung
SS 1995:	Arnold Stadler
WS 1995/96:	Durs Grünbein
SS 1996:	Hugo Dittberner
WS 1996/97:	Thomas Kling
SS 1997:	Herbert Rosendorfer
WS 1997/98:	Robert Schindel
SS 1998:	Brigitte Oleschinski
WS 1998/99:	Matthias Politycki
SS 1999:	Zoë Jenny
SS 2000:	Marlene Streeruwitz
WS 2000/01:	Daniel Kehlmann
SS 2001:	Rüdiger Safranski
WS 2001/02:	Albert v. Schirnding
SS 2002:	Thomas Hettche; Malin Schwerdtfeger
WS 2002/03:	Andreas Maier
SS 2003:	Anne Weber
WS 2003/04:	Michael Lentz
SS 2004:	Christoph Peters
WS 2004/05:	Heinrich Detering
SS 2005:	Ulrike Draesner
WS 2005/06:	Karl-Heinz Ott
SS 2006:	Hans-Ulrich Treichel

PRÄSIDENTEN

der Akademie der Wissenschaften und der Literatur · Mainz

1949	Professor Dr.-Ing. Dr. e.h. Karl Willy Wagner
31.10.1953	Professor Dr. Eduard Justi
28. 2.1958	Professor Dr. Dr. h.c. Peter Rassow
29. 7.1961	Professor Dr. Joseph Vogt
1. 3.1963	Professor Dr. Pascual Jordan
1. 5.1967	Professor Dr. Hellmut Georg Isele
12. 2.1971	Professor Dr. Heinrich Bredt
16. 2.1979	Professor Dr. Heinrich Otten
26. 4.1985	Professor Dr. Dr. Gerhard Thews
1. 7.1993	Professor Dr. Clemens Zintzen
1. 7.2005	Professorin Dr. Elke Lütjen-Drecoll

VIZEPRÄSIDENTEN

Mathematisch-naturwissenschaftliche Klasse

1949	Professor Dr. Pascual Jordan
1. 3.1963	Professor Dr. Dr.-Ing. E.h. Richard Vieweg
29. 4.1966	Professor Dr.-Ing. E.h. Dr.-Ing. E.h. Karl Küpfmüller
11. 4.1969	Professor Dr. Heinrich Bredt
23. 4.1971	Professor Dr. Johannes W. Rohen
29. 4.1977	Professor Dr. Dr. Gerhard Thews
28. 6.1985	Professor Dr. Wilhelm Lauer
1. 2.1998	Professorin Dr. Elke Lütjen-Drecoll
4.11.2005	Professor Dr. Gerhard Wegner

VIZEPRÄSIDENTEN

Geistes- und sozialwissenschaftliche Klasse

1949	Professor Dr. Dr. h.c. Christian Eckert
24. 4.1953	Professor Dr. Dr. Dr. h.c. Dr. E.h. Paul Diepgen
2. 3.1956	Professor Dr. Hellmut Georg Isele
2. 3.1962	Professor Dr. Heinrich Otten
11. 2.1977	Professor Dr. Wolfgang P. Schmid
14. 2.1986	Professor Dr. Clemens Zintzen
1. 7.1993	Professor Dr. Wolfgang P. Schmid
1. 3.2000	Professor Dr. Dr. h.c. Helmut Hesse
1. 3.2006	Professor Dr. Gernot Wilhelm

VIZEPRÄSIDENTEN

Klasse der Literatur

1949	Dr. Alfred Döblin
31. 7.1953	Walter von Molo
29. 4.1955	Dr. Frank Thiess
1. 8.1964	Hans Erich Nossack
12. 7.1968	Hans Bender
11.10.1974	Dieter Hoffmann
7.11.1980	Barbara König
4.11.1983	Professor Dr. Dr. h.c. Bernhard Zeller
1. 2.1990	Walter Helmut Fritz
1. 5.2006	Albert von Schirnding

GENERALSEKRETÄRE

1949	Professor Dr. Dr. h.c. Helmuth Scheel
16. 2.1968	Dr. Günter Brenner
1.12.1993	Dr. Wulf Thommel
1.10.2005	Dr. Claudius Geisler

VERSTORBENE EHRENMITGLIEDER
(Todesdaten in Klammern)

Emil Abderhalden (5.8.1950)
Wolfgang Freihr. von Buddenbrock-Hettersdorf (11.4.1964)
Alfred Döblin (28.6.1957)
Otto Hahn (28.7.1968)
Willy Hellpach (6.7.1952)

Theodor Heuss (12.12.1963)
Walter Kalkhof-Rose (6.7.1988)
Luigi Lombardi (7.2.1958)
Walter von Molo (27.10.1958)
Gaetano de Sanctis (9.4.1957)
Arnold Sommerfeld (26.4.1951)

VERSTORBENE MITGLIEDER
(Todesdaten in Klammern)

Hans W. Ahlmann (10.3.1974)
Andreas Alföldi (12.2.1981)
Ernst Alker (5.8.1972)
Martin Almagro-Basch (28.8.1984)
Sedat Alp (9.10.2006)
Ludwig Alsdorf (25.3.1978)
Clemens-August Andreae (26.5.1991)
Sir Edward Victor Appleton
  (22.4.1965)
Paolo Enrico Arias (3.12.1998)
Walter Artelt (26.1.1976)

Walter Baade (25.6.1960)
Günter Bandmann (24.2.1975)
Ernst H. Bárány (16.6.1991)
Wolfgang Bargmann (20.6.1978)
Felice Battaglia (28.3.1977)
Roger Bauer (18.6.2005)
Günter Baumgartner (11.8.1991)
Otto Bayer (1.8.1982)
Friedrich Becker (25.12.1985)
Wilhelm Becker-Obolenskaja
  (20.11.1996)
Henri Graf Bégouën (4.11.1956)
Georg von Békésy (13.6.1972)
Heinz Bellen (27.7.2002)
Saul Bellow (5.4.2005)
Emil Belzner (8.8.1979)
Jost Benedum (23.12.2003)
Alfred Benninghoff (18.2.1953)
Ernst Benz (29.12.1978)

Johannes Benzing (16.3.2001)
Werner Bergengruen (4.9.1964)
Helmut Berve (6.4.1979)
Helmut Beumann (14.8.1995)
Jan Białostocki (25.12.1988)
Friedrich Bischoff (21.5.1976)
Karl Bischoff (25.11.1983)
Kurt Bittel (30.1.1991)
Wilhelm Blaschke (17.3.1962)
Hans Blumenberg (28.3.1996)
Heinrich Böll (16.7.1985)
Niels Bohr (18.11.1962)
Viktor Ivanovič Borkovskij
  (26.12.1982)
Karl Erich Born (23.3.2000)
Nicolas Born (7.12.1979)
Charles van den Borren
  (14.1.1966)
Herbert Bräuer (20.12.1989)
Heinrich Bredt (1.11.1989)
Bernard von Brentano (29.12.1964)
Henri Breuil (14.8.1961)
Louis-César Duc de Broglie (1987)
Hermann Alexander Brück (4.3.2000)
Otto Brunner (12.6.1982)
Julius Büdel (28.8.1983)
Dino Buzzati (28.1.1972)

Walter Cady (1974)
Maurice Caullery (13.7.1958)
Heinrich Chantraine (9.12.2002)
Hans Helmut Christmann (26.7.1995)

Jean Cocteau (11.10.1963)
Fabio Conforto (24.2.1954)
Antonio Augusto Esteves Mendes
   Corrêa (7.1.1960)
Elena Croce (20.11.1994)
Oscar Cullmann (16.1.1999)

Adolf Dabelow (27.7.1984)
Hellfried Dahlmann (7.7.1988)
Albert Defant (24.12.1974)
Ludwig Dehio (24.11.1963)
Karl Deichgräber (16.12.1984)
Honorio Delgado (27.11.1969)
Pierre Demargne (13.12.2000)
Otto Demus (17.11.1990)
Tibor Déry (18.9.1977)
Max Deuring (20.12.1984)
Paul Diepgen (2.1.1966)
Hans Diller (15.12.1977)
Alfred Döblin (28.6.1957)
Gerhard Domagk (24.4.1964)
Georges Duhamel (13.4.1966)
Ejnar Dyggve (6.8.1961)

Wolfram Eberhard (15.8.1989)
Christian Eckert (27.6.1952)
Johannes Edfelt (27.8.1997)
Tilly Edinger (27.5.1967)
Kasimir Edschmid (31.8.1966)
Hans Heinrich Eggebrecht (30.8.1999)
Karl Egle (26.10.1975)
Hans Ehrenberg (19.11.2004)
Günter Eich (21.12.1972)
Herbert von Einem (5.8.1983)
Otto Eißfeld (23.4.1973)
Carl August Emge (20.1.1970)
Wilhelm Emrich (7.8.1998)
Heinrich Karl Erben (15.7.1997)
Wolja Erichsen (25.4.1966)
Efim Etkind (22.11.1999)

Karl-Georg Faber (15.9.1982)
Zhi Feng (22.2.1993)
Heinrich von Ficker (29.4.1957)

Kurt von Fischer (27.11.2003)
Robert Folz (5.3.1996)
Hubert Forestier (1975)
Dagobert Frey (13.5.1962)
Hans-Albrecht Freye (24.5.1994)
Hans Freyer (18.1.1969)
Albert Frey-Wyssling (30.8.1988)
Karl von Frisch (12.6.1982)
Hans Jürgen Fröhlich (22.11.1986)
Gerhard Funke (22.1.2006)

Jean Gaston Gagé (1986)
Ernst Gamillscheg (18.3.1971)
Joseph Gantner (7.4.1988)
Lothar Geitler (1.5.1990)
Friedrich Gerke (24.8.1966)
Willy Giese (4.4.1973)
Natalia Ginzburg (8.10.1991)
Helmuth von Glasenapp (25.6.1963)
Kurt Goldammer (7.2.1997)
Gernot Gräff (6.11.1982)
Richard Grammel (26.6.1964)
Johann Hjalmar Granholm (4.2.1972)
Julien Green (13.8.1998)
Charles Grégoire (8.1.2002)
Henri Grégoire (28.9.1964)
Ludwig Greve (12.7.1991)
Kaare Grønbech (21.1.1957)
Margherita Guarducci (2.9.1999)
Wilibald Gurlitt (15.12.1963)

Otto Hachenberg (23.3.2001)
Georg Hamel (4.10.1954)
George M. A. Hanfmann (13.3.1986)
Ernst Hanhart (5.9.1973)
Björn Helland Hansen (7.9.1957)
Kurt Hansen (26.1.2002)
Robert Comte d'Harcourt (18.6.1965)
Hermann Hartmann (22.10.1984)
Nicolai Hartmann (9.10.1950)
Helmut Hasse (26.12.1979)
Otto Haupt (10.11.1988)
Wilhelm Hausenstein (3.6.1957)
Manfred Hausmann (6.8.1986)

Herbert Heckmann (18.10.1999)
Johan Arvid Hedvall (24.12.1974)
Hermann Heimpel (23.12.1988)
Heinz Heimsoeth (10.9.1975)
Helmut Heißenbüttel (19.9.1996)
Walter Heinrich Heitler (15.11.1981)
Werner Helwig (4.2.1985)
Wido Hempel (7.11.2006)
Walter Henn (13.8.2006)
Corneille Heymans (18.7.1968)
Rudolf Hirsch (19.6.1996)
Helmut Hoffmann (8.10.1992)
Herfried Hoinkes (4.4.1975)
Karl August Horst (30.12.1973)
Edouard Houdremont (10.6.1958)
Herbert Hunger (9.7.2000)
Taha Husein (28.10.1973)
Aldous Huxley (22.11.1963)

Hans Herloff Inhoffen (31.12.1992)
Hans Ulrich Instinsky (30.6.1973)
Hellmut Georg Isele (7.3.1987)
Erwin Iserloh (14.4.1996)

Werner Jaeger (19.10.1961)
Hans Henny Jahnn (29.11.1959)
Hubert Jedin (16.7.1980)
Willibald Jentschke (11.3.2002)
Pascual Jordan (31.7.1980)
Richard Jung (25.7.1986)
Christian Junge (18.6.1996)
Eduard Justi (16.12.1986)

Tor G. Karling (23.9.1998)
Erich Kästner (29.7.1974)
Hermann Kasack (10.1.1966)
Marie Luise von Kaschnitz-
   Weinberg (10.10.1974)
Valentin Katajew (12.4.1986)
Bernhard Kellermann (17.10.1951)
Martin Kessel (14.4.1990)
Hermann Kesten (3.5.1996)
Valentin Kiparsky (18.5.1983)
Wilhelm Kisch (9.3.1952)
Ernst Kitzinger (22.1.2003)

Kurt Klöppel (13.8.1985)
Ulrich Klug (7.5.1993)
Werner Koch (30.3.1992)
Max Kohler (31.3.1982)
Annette Kolb (3.12.1967)
August Kopff (24.4.1960)
Paul Koschaker (1.6.1951)
Curt Kosswig (29.3.1982)
Ernest A. Kraft (19.6.1962)
Hans Krahe (25.6.1965)
Ernst Kreuder (24.12.1972)
Paul Oskar Kristeller (7.6.1999)
Karl Krolow (21.6.1999)
Wolfgang Krull (12.4.1971)
Herbert Kühn (25.6.1980)
Ernst Kühnel (5.8.1964)
Karl Küpfmüller (26.12.1977)
Branko Kurelec (27.9.1999)

Horst Lange (6.7.1971)
Elisabeth Langgässer (25.7.1950)
Raymond Lantier (14.4.1980)
Torbern Laurent (22.9.1981)
Christine Lavant (7.6.1973)
Fritz Laves (12.8.1978)
Halldór Laxness (9.2.1998)
Wilhelm Lehmann (17.11.1968)
Horst Leithoff (25.12.1998)
Widukind Lenz (25.2.1995)
Kurt Leonhard (10.10.2005)
Hans Lewald (10.11.1963)
Mechtilde Lichnowsky (4.6.1958)
Ragnar Liljeblad (13.10.1967)
Bertil Lindblad (25.6.1965)
Zofia Lissa (26.3.1980)
Enno Littmann (4.5.1958)
Fritz Loewe (27.3.1974)
Erhard Lommatzsch (20.1.1975)
Erich Loos (2.7.2006)
Konrad Lorenz (27.2.1989)
Franz Lotze (13.2.1971)
Dietrich W. Lübbers (15.11.2005)
Erich Lüddeckens (1.7.2004)
Alexander Luther (9.8.1970)

Anneliese Maier (2.12.1971)
Rainer Malkowski (1.9.2003)
André Malraux (23.11.1976)
Gunter Mann (16.1.1992)
Ernst Marcus (30.6.1968)
Alfred von Martin (11.6.1979)
Louis Massignon (31.10.1962)
Ernest Matthes (10.9.1958)
Friedrich Matz (3.8.1974)
Klaus Mehnert (2.1.1984)
Max Mell (12.12.1971)
Clemente Merlo (13.1.1960)
Werner Milch (20.4.1950)
Robert Minder (10.9.1980)
Guiseppe Moruzzi (11.3.1986)
Jürgen Moser (16.12.1999)
Kurt Mothes (12.2.1983)
Heiner Müller (30.12.1995)
Hermann Joseph Müller (5.4.1967)

Dimitrij Nikolaevič Nasledov
   (9.1.1975)
Erich Neu (31.12.1999)
Ernst Harald Norinder (6.7.1969)
Hans Erich Nossack (2.11.1977)

Herbert Oelschläger (2.6.2006)
Aziz Ogan (5.10.1956)
Horst Oppel (17.7.1982)
Karl Otten (20.3.1963)

Max Pagenstecher (12.7.1957)
Jean Comte de Pange (20.7.1957)
Leo Pardi (27.12.1991)
Franz Patat (11.12.1982)
Christina Yvon Pauc (8.1.1981)
Konstantin Paustovskij (14.7.1968)
Johannes Pedersen (22.12.1977)
Ernst Penzoldt (27.1.1955)
Wilhelm Peters (29.3.1963)
Max Pfannenstiel (1.1.1976)
André Piganiol (24.5.1968)
Robert Pinget (25.8.1997)
Rudolf Plank (16.6.1973)
Helmuth Plessner (12.6.1985)

Nikolaus Poppe (8.6.1991)
Walter Porzig (14.10.1961)

Gustav Radbruch (23.11.1949)
Peter Rassow (19.5.1961)
Wilhelm Rau (29.12.1999)
Werner Rauh (7.4.2000)
Kurt von Raumer (22.11.1982)
Horst Claus Recktenwald
   (28.4.1990)
Werner Reichardt (18.9.1992)
Fritz Reichert-Facilides (23.10.2003)
Adolf Remane (22.12.1976)
Herbert Riehl (1.6.1997)
Erwin Riezler (14.1.1953)
Yannis Ritsos (11.11.1990)
Joachim Ritter (3.8.1974)
Erich Rothacker (10.8.1965)
Bernhard de Rudder (27.3.1962)
Max Rychner (10.4.1965)
Olof Erik Hans Rydbeck (27.3.1999)

Rolf Sammet (19.1.1997)
Mariano San Nicoló (15.5.1955)
Albrecht Schaeffer (4.12.1950)
Walter Schätzel (9.4.1961)
Fritz Schalk (20.9.1980)
Helmuth Scheel (6.6.1967)
Richard Scherhag (31.8.1970)
Theodor Schieder (8.10.1984)
Hans Friedrich Wilhelm Erich
   Schimank (25.8.1979)
Otto H. Schindewolf (10.6.1971)
Heinrich Schirmbeck (4.7.2005)
Wilhelm Schmidtbonn (3.7.1952)
Arnold Schmitz (1.11.1980)
Günter Schmölders (7.11.1991)
Franz Schnabel (25.2.1966)
Friedrich Schnack (6.3.1977)
Hermann Schneider (9.4.1961)
Reinhold Schneider (6.4.1958)
Gerhard Schramm (3.2.1969)
Rudolf Alexander Schröder
   (22.8.1962)

Karl Schwedhelm (9.3.1988)
Ilse Schwidetzky-Roesing
 (18.3.1997)
Leonardo Sciascia (20.11.1989)
Matthias Seefelder (30.10.2001)
Friedrich Seewald (4.2.1974)
Didrik Arup Seip (3.5.1963)
August Seybold (11.12.1965)
Karl Manne Georg Siegbahn
 (24.9.1978)
Adolf Smekal (7.3.1959)
Wolfram Freiherr von Soden
 (6.10.1996)
Alfred Söllner (9.11.2005)
Hugo Spatz (27.1.1969)
Franz Specht (13.11.1949)
Wilhelm Speyer (1.12.1952)
Heinrich Ritter von Srbik
 (16.2.1951)
Helmut Stimm (30.3.1987)
Bernhard Louis Strehler (13.5.2001)
Jules Supervielle (17.5.1960)
Tomoji Suzuki (1997)
János Szentágothai (8.9.1994)

Franz Tank (22.4.1981)
Gerhard Thews (16.2.2003)
Frank Thiess (22.12.1977)
Wolfgang Thoenes (3.3.1992)
Carl Troll (21.7.1975)
Wilhelm Troll (28.12.1978)
Poul Tuxen (29.5.1955)

Boris Ottokar Unbegaun (4.3.1973)
Fritz Usinger (9.12.1982)

Giancarlo Vallauri (7.5.1957)
Henri Vallois (26.8.1981)
Max Vasmer (30.11.1962)
Giorgio del Vecchio (28.11.1970)
Otmar Frhr. von Verschuer (8.8.1969)
Richard Vieweg (20.10.1972)
Joseph Vogt (14.7.1986)
Heinrich Vormweg (9.7.2004)

Karl Willy Wagner (4.9.1953)
Kurt Wagner (17.9.1973)
Richard Walzer (16.4.1975)
Adolf Weber (5.1.1963)
Werner Weber (1.12.2005)
Ludwig Weickmann (29.11.1961)
Elias Wessén (30.1.1981)
Karl Wezler (17.7.1987)
Ernest Wickersheimer (6.8.1965)
Theodor Wieland (24.11.1995)
Leopold von Wiese und
 Kaiserswaldau (11.1.1969)
Thornton Wilder (7.12.1975)
Julius Wilhelm (5.5.1983)
Karl Winnacker (5.6.1989)
Hermann von Wissmann (5.9.1979)
Emil Woermann (15.9.1980)
Carl Wurster (14.12.1974)

Friedrich E. Zeuner (6.11.1963)
Leopold Ziegler (25.11.1958)
Karl Günter Zimmer (29.2.1988)
Carl Zuckmayer (18.1.1977)
Otto von Zwiedineck-Südenhorst
 (4.8.1957)

Kommissionen

I. MATHEMATISCH-NATURWISSENSCHAFTLICHE KLASSE

Kommission für theoretisch-medizinische Forschung

Vorsitzender: Fleckenstein

Mitglieder: Belmonte, Birbaumer, Dhom, Grehn, Haberland, Lütjen-Drecoll, Mutschler, Rapp, Rohen, Schmidt, Vaupel, Zahn

Mitarbeiter: PD Dr. med. Frank Neipel, Erlangen; PD Dr. rer. nat. Stefan Pöhlmann, Erlangen; Dr. med. Dr. rer. nat. Heide Reil, Erlangen; PD Dr. med. Barbara Schmidt, Erlangen

Kommission für Biologie

Vorsitzender: Schaefer

Arbeitsgruppe Botanik

Leiter: Barthlott

Mitglieder: Jäger, Schink, Vogel, Weberling

Sachverständige: Hagemann, Porembski, Rafiqpoor, Sell

Mitarbeiter: Prof. Dr. habil. rer. nat. Eberhard Fischer, Koblenz; Prof. Dr. rer. nat. Thomas Stützel, Bochum

Arbeitsgruppe Zoologie

Leiter: Schaefer

Mitglieder: Ax, Bleckmann, Lindauer, Nachtigall

Sachverständige: Bartolomaeus, Scheu, Tautz

Mitarbeiter: Dr. rer. nat. Sonja Migge, Göttingen

Arbeitsgruppe Technische Biologie und Bionik (TBB)

Leiter: Nachtigall

Mitglieder: Barthlott

Sachverständige: Kesel

Mitarbeiter: Knut Braun, Saarbrücken; Dr. rer. nat. Alfred Wisser, Saarbrücken

Kommission für Erdwissenschaftliche Forschung

Vorsitzender: Thiede

Mitglieder: Frenzel, Furrer, Galimov, Lauer, Messerli, Mosbrugger, Seibold, Strauch, Wedepohl, Welte, Winiger

Sachverständige: Bendix, Frankenberg, Höllermann, Holtmeier

Mitarbeiter: Dr. Henning Bauch, Kiel; Dipl.-Geogr. Astrid Bendix, Bonn; PD Dr. D. Piepenburg, Kiel; Dipl.-Geogr. Dr. Mohammad Daud Rafiqpoor, Bonn; Dr. Robert Spielhagen, Kiel

Kommission für klinische Forschung

Vorsitzender: Mutschler

Mitglieder: Dhom, Fleckenstein, Fuchs, Gerok, Grehn, Lütjen-Drecoll, Meyer zum Büschenfelde, Michaelis, Rittner, Rohen, Schmidt, Schölmerich

Sachverständige: Illhardt, Raspe, Reiter-Theil, Wiesemann, Winter

Kommission für Mathematik, Physik, Chemie und Ingenieurwissenschaften

Vorsitzender: Hotz

Arbeitsgruppe für Modellierung, Simulation und Visualisierung

Leiter: Wahlster

Mitglieder: Anderl, Binder, Buchmann, Carstensen, Ehlers, Gottstein, Grewing, Hotz, Janicka, Jost, Klingenberg, Maier, Nachtigall, E. W. Otten, Ramm, Röckner, Weiland, Wriggers

Arbeitsgruppe für Neue Werkstoffe

Leiter: Wegner

Mitglieder: Bock, Carstensen, Ehrhardt, Gottstein, Kollmann, Krebs, Luckhaus, Maier, Pilkuhn, Ringsdorf, Wriggers

II. GEISTES- UND SOZIALWISSENSCHAFTLICHE KLASSE

Kommission für Philosophie und Begriffsgeschichte

Vorsitzender: Kodalle

Mitglieder: Carrier, Gabriel, Gründer, Hadot, Heitsch, C. W. Müller, Riethmüller, Schmid, Sier, Zeller, Zintzen

Sachverständige: Kambartel, Koselleck, Schmidt-Biggemann, Scholtz

Mitarbeiter: Dr. Helmut Hühn, Berlin; Dr. Margarita Kranz, Berlin

Kommission für die Valentin Weigel-Ausgabe

Vorsitzender: Krummacher

Mitglieder: Dingel, Gärtner, Gründer, G. Müller, W. Schröder

Mitarbeiter: Dr. Horst Pfefferl, Marburg

Kommission für Geschichte des Altertums

Vorsitzender: Heinen

Mitglieder: Andreae, Heitsch, Himmelmann, von Kaenel, C. W. Müller, Müller-Wille, H. Otten, Radnoti-Alföldi, Rupprecht, Thissen, Wilhelm, Zintzen

Sachverständiger: Schumacher

Mitarbeiter: „Antike Sklaverei": Prof. Dr. Frank Bernstein, Bielefeld; Dr. Andrea Binsfeld, Trier; Prof. Dr. Jürgen Blänsdorf, Mainz; Prof. Dr. Tiziana J. Chiusi, Saarbrücken; Prof. Dr. Johannes Christes, Freiburg; Dr. Johannes Deißler, Mainz; Prof. Dr. Walter Eder, Bochum; Prof. Dr. Ulrich Eigler, Zürich; Ass.-Prof. Dr. Johanna Filip-Fröschl, Salzburg; Philipp Fondermann, Zürich; Prof. Dr. Richard Gamauf, Wien; DDr. Markus Gerhold, Wien; Dr. habil. Heike Grieser, Mainz; Prof. Dr. Peter Gröschler, Mainz; Prof. Dr. Fritz Gschnitzer, Heidelberg; Sven Günther M.A., Mainz; Ass.-Prof. Dr. Verena Halbwachs, Wien; Prof. Dr. Elisabeth Herrmann-Otto, Trier; Prof. Dr. Peter Herz, Regensburg; Prof. Dr. Henner von Hesberg, Rom; Dr. Wolfgang Hoben, Mainz; Priv.-Doz. Dr. Gerhard Horsmann, Mainz; Prof. Dr. Wolfgang Kaiser, Freiburg; Prof. Dr. Hans Klees, Uttenreuth; Prof. Dr. Richard Klein, Wendelstein († 20.11.2006); Prof. DDr. Georg Klingenberg, Linz; Prof. Dr. Christoph Krampe, Bochum; Priv. Doz. Dr. Inge Kroppenberg, Mainz; Prof. Dr. Hartmut Leppin, Frankfurt/M.; Dr. Anastassia Maksimova, Kazan; Prof. Dr. Hermann Nehlsen, München; Prof. Dr. Martin Pennitz, Graz; Prof. Dr. Günter Prinzing, Mainz; Prof. DDr. J. Michael Rainer, Salzburg; Dr. Silvia Riccardi, Pavia; Dr. Ulrike Roth, Edinburgh; Prof. Dr. Hans-Albert Rupprecht, Marburg; Prof. Dr. Christoph Schäfer, Hamburg; Dorothea Schäfer M.A., Mainz; Prof. Dr. Winfried Schmitz, Bonn; Prof. Dr. Reinhold Scholl, Leipzig; Prof. Dr. Leonhard Schumacher, Mainz; Marcel Simonis, Trier; Prof. Dr. Heikki Solin, Helsinki; Prof. Dr. Hans-Dieter Spengler, Erlangen; Dr. Jakob Fortunat Stagl, Bonn; Priv.-Doz. Dr. Oliver Stoll, Bischberg; Prof. Dr. Dr. h.c. Zoltán Végh, Salzburg; Prof. Dr. Dr. h.c. Andreas Wacke, Köln; Prof. Dr. Dr. h.c. Wolfgang Waldstein, Salzburg; Prof. Dr. Ingomar Weiler, Graz; Dr. Alexander Weiß, Leipzig; Prof. Dr. Karl-Wilhelm Welwei, Bochum; Prof. Dr. Dr. h.c. Hans Wieling, Trier; Prof. Dr. Reinhard Willvonseder, Wien; Prof. Dr. Markus Wimmer, Linz; Prof. Dr. Bernhard Zimmermann, Freiburg

Mitarbeiter: „Fundmünzen der Antike": Dr. Dirk Backendorf, Frankfurt/M.; Ellen Baumann, Frankfurt/M.; Prof. Dr. Michael H. Crawford, London; Miriam Fricke, Frankfurt/M.; Dr. Joachim Gorecki, Rosbach; Prof. Dr. Johannes Heinrichs, Bonn; Drs. Fleur Kemmers, Nijmegen; Barbara Kirchner, Langen; Dr. Holger Komnick, Hochheim; Petra Maier, Frankfurt/M.; Thomas Maurer M.A., Darmstadt; Dr. Jeannot Metzler, Bourglinster; Sibylle Mucke, Köln; Dr. Hans-Christoph Noeske, Kelkheim; Barbara Noeske-Winter M.A., Kelkheim; Prof. Dr. Bernd Päffgen, München; Christiane Röder, Dreieich; Dr. Gerd Rupprecht, Mainz; Dr. Helmut Schubert, Frankfurt/M.; Dr. David G. Wigg-Wolf, Gelnhausen-Hailer

Kommission für Klassische Philologie

Vorsitzender: Sier

Mitglieder: Andreae, Gall, Hadot, Heinen, Heitsch, Himmelmann, C. W. Müller, H. Otten, Rupprecht, Schmid, Wittern-Sterzel, Zintzen, Zwierlein

Sachverständige: Cardauns, Harth, Jördens, Riemer, Wlosok

Mitarbeiter: Dr. Andreas Grote, Würzburg; Dr. Ursula Rombach, Köln

Kommission für Archäologie

Vorsitzender: von Hesberg

Mitglieder: Andreae, Böhner, Borbein, Gründer, Haussherr, Heinen, Heitsch, Himmelmann, von Kaenel, Kahsnitz, C.W. Müller, Müller-Wille, H. Otten, Radnoti-Alföldi, W. Schröder, Zintzen

Sachverständige: Deckers

Mitarbeiter: Dr. Walter Müller, Marburg; Prof. Dr. Dr. h.c. Ingo Pini, Marburg

Unterkommission der Kommission für Archäologie:
Herausgabe der Werke Johann Joachim Winckelmanns

Vorsitzender: Borbein

Mitglieder: Andreae, Haussherr, von Hesberg, Kahsnitz, Krummacher, Miller, C. W. Müller, Osterkamp

Mitarbeiter: Prof. Dr. Max Kunze, Stendal/Berlin; Dr. Axel Rügler, Stendal/Berlin

Kommission für Kunstgeschichte und Christliche Archäologie

Vorsitzender: Haussherr

Mitglieder: Andreae, Fried, von Hesberg, Himmelmann, Kahsnitz, Osterkamp, Stolleis, Waetzoldt, Zimmermann, Zintzen

Sachverständiger: Deckers

Mitarbeiter: Prof. Dr. Rüdiger Becksmann, Freiburg i. Br.; Gabriele Biehle, Merdingen; Dr. Uwe Gast, Freiburg i. Br.; Dr. Daniel Parello, Freiburg i. Br.; Dr. Dorothee Renner-Volbach, Mainz († Dez. 2006); Dr. Hartmut Scholz, Freiburg i. Br.; Rüdiger Tonojan, Denzlingen; Rainer Wohlrabe, Kappel-Grafenhausen

Kommission für Vor- und Frühgeschichtliche Archäologie

Vorsitzender: Müller-Wille

Mitglieder: Debus, Frenzel, Heinen, Himmelmann, von Kaenel, Kleiber, F. Otten, Schmid

Sachverständige: Dietz, Engels, Jockenhövel, Willroth

Mitarbeiter: Dipl. Biol. Almuth Alsleben, Kiel; Bettina Christiansen, Schleswig; Dr. Ursula Eisenhauer, Frankfurt/M.; Gerhard Endlich, Frankfurt/M. (ehrenamtlich); Margitta Krause Frankfurt/M.; Dr. Wolf Kubach, Frankfurt/M. (ehrenamtlich); Dr. Dietrich Meier, Dipl.-Prähist., Kiel; Rudolf Richardt, Schleswig; Dr. Antje Schmitz, Kiel; Dr. Angelika Sehnert-Seibel, Essen (freie Mitarbeiterin); Dr. Claudia Siemann, Münster; Holger Späth, Schleswig; Marion Uckelmann M.A., Frankfurt/M.; Dr. Frank Verse M.A. Frankfurt/M.; Dr. Ulrike Wels, Frankfurt/M.; Koviljka Zehr-Milić, Frankfurt/M.

Historische Kommission

Vorsitzender: Tennstedt

Mitglieder: Duchhardt, Font, Fried, Henning, Koller, Kresten, Lange, K.-D. Lehmann, Parisse, J. Schröder, Schwarz, Zimmermann

Sachverständige: Oexle

Mitarbeiter: Priv.-Doz. Dr. Wolfgang Ayaß, Kassel; Prof. Dr. Ernst-Dieter Hehl, Mainz; Margit Peterle, Kassel; Dr. Wilfried Rudloff, Kassel; Gisela Rust-Schmöle, Kassel

Inschriften-Kommission

Vorsitzender: Kahsnitz

Mitglieder: Dingel, Fried, Haubrichs, Haussherr, Heinen, Krummacher, Zimmermann, Zwierlein

Mitarbeiter: Brunhilde Escherich, Mainz; Dr. Rüdiger Fuchs, Mainz; Dr. Yvonne Monsees, Mainz; Dr. Eberhard J. Nikitsch, Mainz; Dr. habil. Sebastian Scholz, Mainz; Thomas G. Tempel, Mainz

Kommission für Kirchengeschichte

Vorsitzende: Dingel

Mitglieder: Fried, Ganzer, Henning, Krummacher, Lienhard, J. Meier, G. Müller, Zimmermann

Sachverständiger: zur Mühlen

Mitarbeiter: Dr. Norbert Jäger, Mainz; Saskia Schultheis, Bonn; Christoph Stoll, München

Deutsche Kommission für die Bearbeitung der Regesta Imperii e.V. bei der Akademie der Wissenschaften und der Literatur, Mainz

Vorstand

Vorsitzender: Fried

Stellvertretender Vorsitzender: Prof. Dr. Rudolf Schieffer, München

Sekretär/Geschäftsführer: Prof. Dr. Paul-Joachim Heinig, Mainz/Gießen

Mitglieder: Fried, Diestelkamp, Koller, Zimmermann
sowie Prof. Dr. Peter Acht, München; Prof. Dr. Gerhard Baaken, Tübingen; Prof. Dr. Dr. h.c. mult. Horst Fuhrmann, München; Prof. Dr. Johannes Helmrath, Berlin; Prof. Dr. Klaus Herbers, Erlangen; Prof. Dr. Rudolf Hiestand, Düsseldorf; Dr. Karel Hruza, Wien; Prof. Dr. Kurt-Ulrich Jäschke, Saarbrücken; Prof. Dr. Theo Kölzer, Bonn; Prof. Dr. Michael Menzel, Berlin; Prof. Dr. Dr. h.c. Peter Moraw, Gießen; Prof. Dr. Wolfgang Petke, Göttingen; Prof. Dr. Walter Pohl, Wien; Prof. Dr. Rudolf Schieffer, München; Prof. Dr. Dr. h.c. Roderich Schmidt, Marburg a. d. L.; Prof. Dr. Tilman Struve, Köln; Prof. Dr. Dr. h.c. Hermann Wiesflecker, Graz

Mitarbeiter: Doris Bulach M.A., Berlin/München, Christine Etges, Mainz; Prof. Dr. Irmgard Fees, Marburg a. d. L; Dr. Karl Augustin Frech, Tübingen; Petra Heinicker M.A., Mainz; Prof. Dr. Paul-Joachim Heinig, Mainz/Gießen; Dr. Andreas Kuczera, Mainz/Gießen (DFG); PD Dr. Gerhard Lubich, Köln; Nina Mallmann, Mainz; Dr. Dieter Rübsamen, Mainz; Dr. Ulrich Schmidt, Tübingen; Sofia Seeger M.A., Erlangen/Tübingen; Prof. Dr. Peter Thorau, Saarbrücken; Dr. Johannes Wetzel, München; Prof. Dr. Herbert Zielinski, Gießen

Kommission für den Alten Orient

Vorsitzender: Wilhelm

Mitglieder: Heinen, W. W. Müller, H. Otten, Rupprecht, Schmid, Schmidt-Glintzer, Thomas

Sachverständige: Oettinger, Rieken

Mitarbeiter: Dr. Silvin Košak, Mainz; Dr. Jared L. Miller, Mainz; Christel Rüster, Mainz; Dr. Carlo Corti, Florenz; Dr. Mauro Giorgieri, Rom; Prof. Dr. Jörg Klinger, Berlin; Priv.-Doz. Dr. Gerfrid G.W. Müller, Würzburg; Dr. Giulia Torri, Florenz; Dr. Marie-Claude Trémouille, Rom

Orientalische Kommission

Vorsitzender: W. W. Müller

Mitglieder: Bazin, Heinen, H. Otten, Rupprecht, Thissen, Wilhelm

Mitarbeiter: Prof. Dr. Günter Vittmann, Würzburg; Prof. Dr. Karl-Theodor Zauzich, Würzburg

Kommission für Indologie

Vorsitzender: von Hinüber

Mitglieder: W. W. Müller, Schmid, Schmidt-Glintzer, Slaje, Thomas

Sachverständige: Buddruss, Hundius

Kommission für Vergleichende Sprachwissenschaft

Vorsitzender: Schmid

Mitglieder: Debus, Kleiber, F. Otten, Pfister, Thomas, Zintzen

Sachverständiger: Greule

Kommission für Deutsche Philologie

Vorsitzender: Krummacher

Mitglieder: Debus, Eichinger, Gärtner, Habicht, Haubrichs, Kleiber, Mehl, Osterkamp, Pfister, Schmid, W. Schröder, Welzig, B. Zeller, Zwierlein

Sachverständige: Dedner, K.-D. Müller, Tarot, Woesler

Mitarbeiter: Hans-Werner Bartz*, Trier; Dr. Maria Besse, Riegelsberg; Dr. Niels Bohnert*, Trier; Marco Brösch*, Trier; Stefan Büdenbender M.A.*, Trier; Dr. Thomas Burch*, Trier; Nathalie Groß*, Trier; Vera Hildenbrandt M.A.*, Trier; Prof. Dr. Giles R. Hoyt, Indianapolis (ehrenamtlich); Kerstin Knop M.A.*, Nonnweiler; Andrea Krämer, Kaiserslautern (ab 18.9.2006); Michael Lenk*, Perl; Dr. Anett Lütteken, Küsnacht (ehrenamtlich); Patrick Mai*, Trier; Dr. Maria Munding, Wolfenbüttel (ehrenamtlich); Dr. Roland Puhl, Kaiserslautern; Dr. Andrea Rapp*, Trier; Ansgar Schmitz*, Trier; Christine Siedle M.A.*, Trier; Sigrid Wack, Kaiserslautern (bis 28.2.2006)

* Mitarbeiter/Mitarbeiterin am Kompetenzzentrum für elektronische Erschließungs- und Publikationsverfahren in den Geisteswissenschaften, Trier (s. S. 162).

Unterkommission der Kommission für Deutsche Philologie:
Historisch-kritische Ausgabe der Sämtlichen Werke und Schriften Georg Büchners

Vorsitzender: Krummacher

Mitglieder: Gärtner, Osterkamp, W. Schröder

Sachverständige: Dedner, K.-D. Müller, Woesler

Mitarbeiter: Dr. Gerald Funk, Marburg; Ingrid Rehme, Marburg; Eva-Maria Vering, Marburg; Dr. Manfred Wenzel, Marburg

Kommission für das Mittelhochdeutsche Wörterbuch

Vorsitzender: Gärtner

Mitglieder: Debus, Haubrichs, Kleiber, Pfister, Schmid, W. Schröder

Sachverständige: Grubmüller, Klein, Moulin, Sappler, Stackmann

Mitarbeiter: Dr. Ralf Plate, Trier; Ute Recker-Hamm M.A., Trier; Dr. Jingning Tao, Trier

Kommission für Namenforschung

Vorsitzender: Kleiber

Mitglieder: Debus, Gärtner, Haubrichs, Pfister, Schmid, W. Schröder

Sachverständige: Greule, Ramge

Mitarbeiter: Dr. Wolf-Dietrich Zernecke, Mainz († 9. 6. 2006)

Kommission für Englische Philologie

Vorsitzender: Mehl

Mitglieder: Gibbons, Habicht, Haussherr, Krummacher, Miller, W. Schröder

Kommission für Romanische Philologie

Vorsitzender: Schweickard

Mitglieder: Baasner, Pfister, Zintzen

Sachverständiger: Kramer

Mitarbeiter: Dr. Thomas Hohnerlein-Buchinger, Gries/Pfalz; Dott. Elisabetta Indiano, S. Maria al Bagno; Astrid Rein, Saarbrücken; Dr. Gunnar Tancke, Saarbrücken; Dr. Yvonne Tressel, Stiring-Wendel

Kommission für Slavische Philologie und Kulturgeschichte

Vorsitzender: F. Otten

Mitglieder: Belentschikow, Brang, Pfister, Schmid, Thomas

Sachverständige: Gutschmidt, Lehfeldt

Mitarbeiter: Dr. Walentin Belentschikow, Magdeburg; Ella Handke M.A., Magdeburg; Dr. Klaus Piperek M.A., Berlin; Dr. Andrea Scheller, Magdeburg; Dr. Elisabeth Timmler M.A., Berlin

Kommission für Musikwissenschaft

Vorsitzender: Riethmüller

Mitglieder: Finscher, Gabriel, Mehl, Steinbeck

Sachverständige: Buschmeier, Croll

Mitarbeiter: Tanja Gölz M.A., Mainz; Dr. Eva Hanau, Berlin; PD Dr. Daniela Philippi, Mainz

Kommission für Geschichte der Medizin und der Naturwissenschaften

Vorsitzende: Wittern-Sterzel

Mitglieder: Michaelis, C. W. Müller, Rittner, Scharf, Schölmerich, Sier, Zintzen

Sachverständige: Fabian, Kümmel, Paul, Roelcke, Winau

Mitarbeiter: Prof. Dr. Dr. Olaf Breidbach, Jena; Dr. Franz Dumont, Mainz; Prof. Dr. Reinhard Hildebrand, Münster; Dr. Hans-Peter Rösler, Bingen; PD Dr. Irmtraut Sahmland, Gießen

Kommission für Rechtswissenschaft

Vorsitzender: Stolleis

Mitglieder: Diestelkamp, Lange, J. Schröder, Zimmermann, Zippelius

Mitarbeiter: Dr. Ute Rödel, Frankfurt/M.; Dr. Ekkehart Rotter, Frankfurt/M.

Kommission für Wirtschafts- und Sozialwissenschaften

Vorsitzender: Hesse

Mitglieder: Falter, Issing, Oberreuter, Samuelson, Schölmerich, von der Schulenburg, Streit, Zintzen

Kommission für Personalschriften (Leichenpredigten)

Vorsitzender: G. Müller

Mitglieder: Dingel, Ganzer, Haussherr, Henning, Kleiber, Krummacher, J. Meier, W. Schröder, Zimmermann

Sachverständiger: Lenz

Mitarbeiter: Dr. Gabriele Bosch, Dresden; Dr. Eva-Maria Dickhaut, Marburg a. d. L.; Jael Dörfer M.A., Marburg a. d. L.; Lic. theol. Werner Hupe, Dresden; Jens Kunze M.A., Dresden (bis 30.6.2006); Birthe zur Nieden M.A., Marburg a. d. L. (ab 1.4.2006); Robin Pack, Marburg a. d. L.; Dr. Hartmut Peter, Marburg a. d L.; Dr. Helga Petzoldt, Dresden; Dr. Jörg Witzel, Marburg a. d. L.

KLASSENÜBERGREIFENDE KOMMISSION

Kommission für Informationstechnologie

Vorsitzender: Gärtner

stellv. Vorsitzender: Wahlster

Mitglieder: Gall, Hotz, von Petersdorff, Wilhelm

Sachverständige: Burch, Kuczera, Meding, G. Müller

III. KLASSE DER LITERATUR

Kommission für „Die Mainzer Reihe"
Vorsitzender: Miller
Mitglieder: Dittberner, Fritz, Pörksen, H. D. Schäfer, Zeller, Zintzen
Sachverständiger: von Wallmoden
Mitarbeiterin: Petra Plättner, Mainz

Kommission für Exilliteratur
Vorsitzender: Bender
Mitglieder: Fritz, Hoffmann, B. Zeller
Sachverständiger: Keim
Mitarbeiterin: Petra Plättner, Mainz

Kommission für die Poetik-Dozentur
Vorsitzender: Hillebrand
Mitglieder: Dittberner, Fritz, Hartung, Kehlmann, B. Zeller

Arbeitsstellen

I. Mathematisch-naturwissenschaftliche Klasse

Biodiversität und Pflanzensystematik
Leitung: Hr. Barthlott
Rheinische Friedrich-Wilhelms-Universität
Nees-Institut für Biodiversität der Pflanzen
Meckenheimer Allee 170, 53115 Bonn
Tel. 02 28/73 25 26, Fax 02 28/73 31 20
e-mail barthlott@uni-bonn.de
www.nees.uni-bonn.de

Frühwarnsysteme für globale Umweltveränderungen
und ihre historische Dokumentation in natürlichen Klimaarchiven
Leitung: Hr. Thiede
Leibniz-Institut für Meereswissenschaften (IFM-GEOMAR)
Wischhofstraße 1–3, 24148 Kiel
und Universität Kiel, Institut für Polarökologie
Wischhofstraße 1–3, Geb. 12, 24148 Kiel
Tel. 04 31/6 00-12 64, Fax 04 31/6 00-12 10
e-mail rspielhagen@ifm-geomar.de

Makromolekulare Chemie
Leitung: Hr. Ringsdorf
Institut für Organische Chemie
Johannes Gutenberg-Universität
Duesbergweg 10–14, 55128 Mainz
Tel. 0 61 31/3 92 24 02, Fax 0 61 31/3 92 31 45
e-mail ringsdor@mail.uni-mainz.de
www.isihighlycited.com

Molekularbiologie
Leitung: Hr. Zahn
Arbeitsstelle Rovinj
Laboratory for Marine Toxicology
Center for Marine Research
Paliaga 5, HR 52210, Rovinj, Kroatien
Tel. 00 38/5 52-80 47 29, Fax 00 38/5 52-81 34 96

Neue persistierende Viren bei Immunopathien und Tumorkrankheiten des
hämatopoetischen Systems
Leitung: Hr. Fleckenstein
Institut für Klinische und Molekulare Virologie der Friedrich-Alexander-Universität
Erlangen-Nürnberg
Schloßgarten 4, 91054 Erlangen
Tel. 0 91 31/8 52 35 63, Fax 0 91 31/8 52 21 01
e-mail fleckenstein@viro.med.uni-erlangen.de
www.viro.med.uni-erlangen.de

Pflanzenmorphologie und Biosystematik
Leitung: Hr. Weberling
Arbeitsgruppe Biosystematik, Universität Ulm
Albert Einstein-Allee 47, 2. St., R. 279, Oberer Eselsberg, 89081 Ulm
Tel. 07 31/5 02 64 13, Fax 0 73 05/2 18 01 (Hr. Weberling priv.)
e-mail focko.weberling@extern.uni-ulm.de

Pleistozänforschung und Chronologie des Holozäns
Leitung: Hr. Frenzel
Institut für Botanik 210,
Universität Hohenheim, 70593 Stuttgart
Tel. 07 11/4 59-31 94, Fax 07 11/4 59-33 55
e-mail bfrenzel@uni-hohenheim.de

Technische Biologie und Bionik
Leitung Hr. Nachtigall
Universität des Saarlandes
Arbeitsstelle Technische Biologie und Bionik
Postfach 151150, Geb. 9 – 3. OG, 66041 Saarbrücken
(Paketpost: Geb. 9 – 3. OG, 66123 Saarbrücken)
Tel. 06 81/3 02-32 05, 3 02-32 87, Fax 06 81/3 02-66 51
e-mail gtbb@mx.uni-saarland.de
www.uni-saarland.de/bionik

II. Geistes- und sozialwissenschaftliche Klasse

Altägyptisches Wörterbuch
Datenbank demotischer Texte
Leitung: Hr. Thissen
Lehrstuhl für Ägyptologie
Residenzplatz 2, Tor A
97070 Würzburg
Tel. 09 31/31 28 16, Fax 09 31/31 24 42
e-mail guenter.vittmann@mail.uni-wuerzburg.de
http://aaew.bbaw.de/

Anton Ulrich-Ausgabe
Leitung: Hr. Krummacher und Prof. Dr. Rolf Tarot
Anton Ulrich-Ausgabe, Herzog August Bibliothek
Lessingplatz 1, 38304 Wolfenbüttel
Tel. 0 53 31/8 08-2 29 bzw. 0 53 31/53 76 (Munding), 0 61 31/47 75 50 (Krummacher)

Archiv für Gewässernamen
(Hydronymia Germaniae und Hydronymia Europaea)
Leitung: Hr. Schmid
Sprachwissenschaftliches Seminar, Universität Göttingen
Käte-Hamburger-Weg 3, 37073 Göttingen
Tel. 05 51/39-54 80, 39-54 82, Fax 05 51/39-58 03

Augustinus-Lexikon
Leitung: Prof. Dr. Dr. h.c. Cornelius Mayer
Dominikanerplatz 4, 97070 Würzburg
Tel. 09 31/30 97-3 00, Fax 09 31/30 97-3 01
e-mail cmayer@augustinus.de
www.augustinus.de

Büchner-Ausgabe
Herausgeber: Prof. Dr. Burghard Dedner
Forschungsstelle Georg Büchner · Literatur und Geschichte des Vormärz
Institut für Neuere Deutsche Literatur und Medien
der Philipps-Universität Marburg, 35032 Marburg
Tel. 0 64 21/2 82 41 77, Fax 0 64 21/2 82 43 00
e-mail dednerb@staff.uni-marburg.de
web.uni-marburg.de/fgb/

Busoni-Editionen
Leitung: Hr. Riethmüller
Arbeitsstelle Busoni-Editionen, Seminar für Musikwissenschaft
der Freien Universität Berlin
Grunewaldstraße 35, 12165 Berlin
Tel. 0 30/83 85 66 10, Fax 0 30/83 85 30 06
e-mail writer@zedat.fu-berlin.de
www.fu-berlin.de/musikwissenschaft

Concilia der Willigis-Ära (Arbeitsstelle der Akademie in Verbindung mit den
Monumenta Germaniae Historica)
Leitung: Hr. Zimmermann
Concilia der Willigis-Ära, Akademie der Wissenschaften und der Literatur
Geschwister-Scholl-Straße 2, 55131 Mainz
Tel. 0 61 31/5 77-1 07, Fax 0 61 31/5 77-1 11
e-mail ernst-dieter.hehl@adwmainz.de

Controversia et cofessio. Quellenedition zu Bekenntnisbildung und Konfessionalisierung
(1548–1580)
Leitung: Frau Dingel
Universität Mainz, FB Evangelische Theologie
Seminar für Kirchengeschichte und Territorialkirchengeschichte
Arbeitstelle: Pfeifferweg 12, (Postanschrift: Saarstraße 21), 55099 Mainz
Tel. 0 61 31/3 92 02 53, Fax 0 61 31/3 92 26 03
e-mail dingel@uni-mainz.de, juergenh@uni-mainz.de, hund@uni-mainz.de
www.litdb.evtheol.uni-mainz.de/datenbank/

Corpus der Minoischen und Mykenischen Siegel
Leitung: Hr. von Hesberg und Dr. Walter Müller
CMS
Schwanallee 19, 35037 Marburg
Tel. 0 64 21/2 58 17, Fax 0 64 21/21 07 98
e-mail wmueller@staff.uni-marburg.de

Corpus der Quellen zur mittelalterlichen Geschichte der Juden
im Reichsgebiet
Leitung: Prof. em. Dr. Alfred Haverkamp
Arye Maymon-Institut für Geschichte der Juden, Universität Trier
Universitätsring 15, DM 223, Postfach 12
54286 Trier
Tel. 06 51/2 01 33 12, Fax 06 51/2 01 32 93
e-mail haverkamp@uni-trier.de

Corpus Vitrearum Medii Aevi Deutschland
Leitung: Hr. Haussherr und Dr. Hartmut Scholz
Forschungszentrum für mittelalterliche Glasmalerei
Lugostraße 13, 79100 Freiburg i. Br.
Tel. 07 61/7 55 02, Fax 07 61/70 93 19
e-mail scholz@cvma-freiburg.de
www.cvma-freiburg.de

Forschungen zur antiken Sklaverei
Leitung: Hr. Heinen
Arbeitsstelle Mainz
Akademie der Wissenschaften und der Literatur
Geschwister-Scholl-Straße 2, 55131 Mainz
Tel. 0 61 31/5 77-2 51
e-mail antike.sklaverei@adwmainz.de, johannes.deissler@adwmainz.de

Arbeitsstelle Trier
Universität Trier, FB III, Alte Geschichte
54286 Trier
Tel. 06 51/2 01-24 39
e-mail heinen@uni-trier.de, binsfeld@uni-trier.de

Forschungsstelle für Personalschriften
Leitung: Hr. G. Müller und Prof. Dr. Dr. h.c. Rudolf Lenz
Forschungsstelle für Personalschriften an der Philipps-Universität Marburg
Biegenstraße 36, 35037 Marburg
Tel. 0 64 21/28-2 38 00, 28-2 31 62, Fax 0 64 21/28-2 45 01
e-mail lenzs@staff.uni-marburg.de
www.uni-marburg.de/fpmr

Forschungsstelle für Personalschriften an der Technischen Universität Dresden
01062 Dresden
Tel. 03 51/4 63-3 28 16, Fax 03 51/4 63-3 71 39
e-mail fpdd@mailbox.tu-dresden.de
www.uni-marburg.de/fpmr

Funde der älteren Bronzezeit des nordischen Kreises in Dänemark, Schleswig-Holstein
und Niedersachsen und Siedlungen der Bronzezeit
Leitung: Prof. Dr. Karl-Heinz Willroth
Seminar für Ur- und Frühgeschichte
Georg-August-Universität
Nikolausberger Weg 15, 37073 Göttingen
Tel. 05 51/39-50 82, Fax 05 51/39-64 59
e-mail willroth@uni-ufg.gwdg.de

In Verbindung mit dem Archäologischen Landesmuseum Schleswig-Holstein
Direktor: Prof. Dr. Claus von Carnap-Bornheim
Schloss Gottorf
24387 Schleswig
Tel. 0 46 21/81 33 10, Fax 0 64 21/81 35 55
e-mail carnap@t-online.de

Fundmünzen der Antike
Leitung: Frau Radnoti-Alföldi und Hr. von Kaenel
Institut für Archäologische Wissenschaften, Abt. II
Archäologie und Geschichte der römischen Provinzen
sowie Hilfswissenschaften der Altertumskunde
Johann Wolfgang Goethe-Universität, 60629 Frankfurt/M. – Fach 136
Tel. 0 69/79 83 22 97, 79 83 22 65, Fax 0 69/79 83 22 68
e-mail fda@em.uni-frankfurt.de

German Film Music Project
Leitung: Hr. Riethmüller
Seminar für Musikwissenschaft der Freien Universität Berlin
Grunewaldstraße 35, 12165 Berlin
Tel. 0 30/83 85-66 10, Fax 0 30/83 85-30 06
e-mail albrieth@zedat.fu-berlin.de
www.fu-berlin.de/musikwissenschaft

Griechische Papyrusurkunden
Leitung: Hr. Rupprecht
Institut für Rechtsgeschichte und Papyrusforschung
Philipps-Universität
Universitätsstraße 7, 35032 Marburg
Tel. 0 64 21/2 82 31 40, -41, Fax 0 64 21/2 82 31 81
e-mail hansalbertrupprecht@t-online.de
www.jura.uni-marburg.de/zivilr/rupprecht/welcome.html

Hethitische Forschungen
Leitung: Hr. Wilhelm und Hr. H. Otten
Akademie der Wissenschaften und der Literatur
Geschwister-Scholl-Straße 2, 55131 Mainz
Tel. 0 61 31/5 77-2 31, Fax 0 61 31/5 77-1 11
e-mail gernot.wilhelm@mail.uni-wuerzburg.de, christel.ruester@adwmainz.de
www.hethiter.net

Historiographie und Geisteskultur Kaschmirs
Vorsitz: Hr. von Hinüber, Leitung: Hr. Slaje
Martin-Luther-Universität Halle-Wittenberg, Seminar für Indologie
H.- u. Th.-Mann-Straße 26, 06108 Halle (Saale)
Tel. 03 45/5 52 36 50, Fax 03 45/5 52 71 39
e-mail slaje@indologie.uni-halle.de
http://adwm.indologie.uni-halle.de

Historisches Wörterbuch der Philosophie
Leitung: Hr. Gabriel
Malteserstraße 74/100, Haus S, 12249 Berlin
Tel. 0 30/84 10 84-55/66/88, Fax 0 30/84 10 84-99
e-mail hwph@schwabe.com

Die Deutschen Inschriften
Leitung: Hr. Kahsnitz und Dr. Rüdiger Fuchs
Akademie der Wissenschaften und der Literatur
Geschwister-Scholl-Straße 2, 55131 Mainz
Tel. 0 61 31/5 77-2 20, Fax 0 61 31/5 77-2 25
e-mail ruediger.fuchs@adwmainz.de

Kompetenzzentrum für elektronische Erschließungs- und Publikationsverfahren
in den Geisteswissenschaften
Leitung: Hr. Gärtner, Prof. Dr. Claudine Moulin, Dr. Thomas Burch und Dr. Andrea Rapp
Fachbereich II Sprach- und Literaturwissenschaften der Universität Trier
Postfach 3825, 54286 Trier
Tel. 06 51/2 01 33 69, 2 01 33 64, Fax 06 51/2 01 39 09
e-mail burch@uni-trier.de
www.kompetenzzentrum.uni-trier.de

Lateinische Literatur der Renaissance
Leitung: Hr. Zintzen (Köln/Mainz), Frau Dorothee Gall (Köln/Bonn), Prof. Dr. Peter Riemer (Saarbrücken)
Arbeitsstelle Mainz, Akademie der Wissenschaften und der Literatur
Geschwister-Scholl-Straße 2, 55131 Mainz
Tel. 0 61 31/5 77-2 01, Fax 0 61 31/5 77-2 06
e-mail juliane.klein@adwmainz.de

Arbeitsstelle Köln, Institut für Altertumskunde
Universität zu Köln, 50923 Köln
Tel. 02 21/4 70-24 14, Fax 02 21/4 70-59 31
e-mail clemens.zintzen@t-online.de

Arbeitsstelle Bonn, Seminar für Griechische und Lateinische Philologie
Universität Bonn, Am Hof 1 e, 53013 Bonn
Tel. 02 28/73 73 49, Fax 02 28/73 77 48
e-mail dgall@uni-bonn.de

Arbeitsstelle Saarbrücken, Institut für Klassische Philologie der Universität
des Saarlandes, 66041 Saarbrücken
Tel. 0 61/3 02 23 05, Fax 06 81/3 02 37 11
e-mail p.riemer@mx.uni-saarland.de

Lessico Etimologico Italiano
Leitung: Hr. Max Pfister und Hr. Wolfgang Schweickard
Lessico etimologico italiano, Universität des Saarlandes
Philosophische Fakultät II, FR. 4.2 Romanistik
Postfach 15 11 50, 66041 Saarbrücken
Tel. 06 81/3 02 33 07, 30 26 40 51, Fax 06 81/3 02 45 88
e-mail m.pfister@rz.uni-saarland.de, wolfgang.schweickard@mx.uni-saarland.de

Medizinhistorisches Journal
Leitung: Prof. Dr. Johanna Bleker
Zentrum für Human- und Gesundheitswissenschaften der Berliner Hochschulmedizin (ZHGB),
Institut für Geschichte der Medizin
Klingsorstraße 119, 12203 Berlin
Tel. 0 30/83 00 92-30, Fax 0 30/83 00 92-37
e-mail johanna.bleker@charite.de

Mittelhochdeutsches Wörterbuch
Leitung: Hr. Gärtner und Dr. Ralf Plate
Fachbereich II Sprach- und Literaturwissenschaften der Universität Trier
54286 Trier
Tel. 06 51/2 01 33 69, 2 01 33 72, Fax 06 51/2 01 35 89
e-mail gaertner@uni-trier.de, plate@uni-trier.de
www.mhdwb.uni-trier.de

Pfälzisches Wörterbuch Archiv
Ansprechpartnerin: Dr. Maria Besse
Benzinoring 6, 67657 Kaiserslautern
Tel. 0631/3601531, Fax 0631/3601974
e-mail wdw@winzersprache.de
www.winzersprache.de

Platon-Werke
Leitung: Hr. Heitsch und Hr. C.W. Müller
Prof. Dr. Ernst Heitsch
Mattinger Straße 1, 93049 Regensburg
Tel. 0941/31944

Prof. Dr. Carl Werner Müller
Institut für Klassische Philologie, Universität des Saarlandes
66041 Saarbrücken
Tel. 0681/3022305, Fax 0681/3023711
e-mail cwm@mx.uni-saarland.de

Prähistorische Bronzefunde
Leitung: Prof. Dr. Albrecht Jockenhövel (Münster) und Dr. Ute Luise Dietz (Frankfurt a.M.)
Institut für Archäologische Wissenschaften der Johann Wolfgang Goethe-Universität, Abt. Vor- und Frühgeschichte, Arbeitsstelle Frankfurt a. M.
Grüneburgplatz 1, Hauspostfach 134, 60323 Frankfurt a.M.
Tel. 069/79832142, Fax 069/79832121
e-mail dietz@em.uni-frankfurt.de
http://web.uni-frankfurt.de/fb09/vfg/

Historisches Seminar der Westfälischen Wilhelms-Universität, Abt. für Ur- und Frühgeschichtliche Archäologie, Arbeitsstelle Münster
Robert-Koch-Straße 29, 48149 Münster
Tel. 0251/8332800, Fax 0251/8332805
e-mail jockenh@uni-muenster.de
www.uni-muenster.de/UrFruehGeschichte/pbfmain.htm

Quellensammlung zur Geschichte der deutschen Sozialpolitik 1867–1914
Leitung: Hr. Henning, Hr. Tennstedt und PD Dr. Wolfgang Ayaß
Arbeitsstelle Universität Kassel, FB 4/Sozialwesen
Arnold-Bode-Str. 10, 34127 Kassel
Tel. 0561/8042903, 8043466, Fax 0561/8042903
e-mail ayass@uni-kassel.de
www.uni-kassel.de/fb4/akademie/

Deutsche Kommission für die Bearbeitung der Regesta Imperii e.V
bei der Akademie der Wissenschaften und der Literatur Mainz
Leitung: Hr. Fried, Prof. Dr. Rudolf Schieffer und Prof. Dr. Paul-Joachim Heinig
Akademie der Wissenschaften und der Literatur
Geschwister-Scholl-Straße 2, 55131 Mainz
Tel. 0 61 31/5 77-2 10, Fax 0 61 31/5 77-2 14
e-mail regimpmz@adwmainz.de
www. regesta-imperii.de
Arbeitsstellen in Erlangen, Gießen-Marburg, Köln, Mainz, München,
Saarbrücken und Tübingen

Rheinhessisch-Pfälzisches Flurnamenarchiv
(das Archiv ist in die Obhut der Universität Mainz übergegangen)
Universitätsarchiv
Leitung: Dr. Jürgen Siggemann
Forum 2, Universität
55099 Mainz
Tel. 0 61 31/2 59 59
e-mail uarchiv@verwaltung.uni-mainz.de

Russisch-Deutsches Wörterbuch
Leitung: Frau Belentschikow (Magdeburg)
Arbeitsstelle Magdeburg: Otto-von-Guericke-Universität
Institut für fremdsprachliche Philologien, Slavistische Linguistik
Zschokkestraße 32, 39104 Magdeburg
Tel. 03 91/6 71 65 14, Fax 03 91/6 71 65 53
e-mail renate.belentschikow@gse-w.uni-magdeburg.de

Arbeitsstelle Berlin: Humboldt-Universität zu Berlin
Institut für Slawistik
Unter den Linden 6, 10099 Berlin
Tel. 0 30/20 93-51 90, Fax 0 30/20 93-51 84
e-mail fred.otten@rz.hu-berlin.de

Samuel Thomas Soemmerring, Edition der Tagebücher
Leitung: Hr. Schölmerich und Prof. Dr. Werner Kümmel
Arbeitsstelle: Medizinhistorisches Institut
der Johannes Gutenberg-Universität Mainz
Am Pulverturm 13, 55131 Mainz
Tel. 0 61 31/3 93 32 58, Fax 0 61 31/3 93 66 82
e-mail wekuemme@mail.uni-mz.de

Staatsrecht und Staatstheorie
Leitung: Hr. Zippelius
Arbeitsstelle für Staatsrecht und Staatstheorie
Schillerstraße 1, 91054 Erlangen
Tel. 0 91 31/85-2 69 66, 85-2 64 20, Fax 0 91 31/85-2 69 65

Starigard/Oldenburg – Wolin – Novgorod
Leitung: Hr. Müller-Wille und Hr. Debus
Institut für Ur- und Frühgeschichte der Christian-Albrechts-Universität Kiel, 24098 Kiel
Tel. 04 31/8 80 23 34, Fax 04 31/8 80 73 00
e-mail mmuellerwille@ufg.uni-kiel.de

Urkundenregesten zur Tätigkeit des Deutschen Königs- und Hofgerichts bis 1451
Leitung: Hr. Diestelkamp
Arbeitsstelle Frankfurt: J. W. Goethe Universität Frankfurt
Sophienstraße 1–3, IV, 60487 Frankfurt/M.
(Postanschrift: Haus-Fach 23, 60054 Frankfurt/M.)
Tel. 0 69/79 82-38 97, -87 99
Fax 0 69/79 82-87 98 (Dr. Rotter), Fax 0 61 31/47 78 37 (Dr. Rödel)
e-mail e.rotter@em.uni-frankfurt.de, e-mail ute.roedel@adwmainz.de

Valentin Weigel-Ausgabe
Leitung: Hr. Krummacher und Hr. G. Müller
Alter Kirchhainer Weg 21, 35039 Marburg
Tel. 0 64 21/2 26 96
e-mail pfefferl@staff.uni-marburg.de

Winckelmann-Ausgabe
Leitung: Hr. Borbein und Prof. Dr. Max Kunze
c/o Winckelmann-Museum
Winckelmannstraße 36/37, 39576 Stendal
Tel. 0 39 31/21 52 26, Fax 0 39 31/21 52 27
e-mail max.kunze@t-online.de

WDW · Wörterbuch der deutschen Winzersprache
Leitung: Hr. Haubrichs und Dr. Maria Besse
Benzinoring 6, 67657 Kaiserslautern
Tel. 06 31/9 28 96, 3 60 15 31, Fax 06 31/3 60 19 74
e-mail wdw@winzersprache.de
www.winzersprache.de

III. Klasse der Literatur

Exilliteratur
Leitung: Hr. Bender
Akademie der Wissenschaften und der Literatur
Geschwister-Scholl-Straße 2, 55131 Mainz
Tel. 0 61 31/5 77-1 02, Fax 0 61 31/5 77-1 03
e-mail petra.plaettner@adwmainz.de

Mainzer Reihe
Leitung: Hr. Miller
Akademie der Wissenschaften und der Literatur
Geschwister-Scholl-Straße 2, 55131 Mainz
Tel. 0 61 31/5 77-1 02, Fax 0 61 31/5 77-1 03
e-mail petra.plaettner@adwmainz.de

Arbeitsstelle Hans Erich Nossack
Leitung: Hr. Miller
Akademie der Wissenschaften und der Literatur
Geschwister-Scholl-Straße 2, 55131 Mainz
Tel. 0 61 31/5 77-1 02, Fax 0 61 31/5 77-1 03
e-mail petra.plaettner@adwmainz.de

Personenregister
zu den Seiten 9–11, 22, 49–52, 85–167

Abderhalden, Emil 140
Acht, Peter 150
Adam, Klaus G. 128
Ahlmann, Hans W. 140
Aichinger, Ilse 131
Alföldi, Andreas 140
Alker, Ernst 140
Almagro-Basch, Martin 140
Alp, Sedat 22, 140
Alsdorf, Ludwig 140
Alsleben, Almuth 149
Altmeier, Peter 129
Anderl, Reiner 49, 85, 123, 146
Andreae, Bernard 85, 120, 147, 148, 149
Andreae, Clemens-August 140
Appleton, Sir Edward Victor 140
Arf, Cahit 85, 124
Arias, Paolo Enrico 140
Artelt, Walter 140
Ax, Peter 85, 120, 145
Ayaß, Wolfgang 149, 164

Baade, Walter 140
Baaken, Gerhard 150
Baasner, Frank 85, 122, 153
Backendorf, Dirk 148
Backsmann, Horst 129
Baldus, Christian 133
Balke, Siegfried 129
Bandmann, Günter 140
Bárány, Ernst H. 140
Bardong, Otto 129
Bargmann, Wolfgang 140
Barthlott, Wilhelm 11, 85, 121, 145, 156
Bartolomaeus, Thomas 112, 145
Bartz, Hans-Werner 151
Battaglia, Felice 140
Bauch, Henning 146

Bauer, Roger 140
Baumann, Ellen 148
Baumgartner, Günter 140
Baumgärtner, Franz 85, 124
Bayer, Otto 140
Bazin, Louis 85, 124, 151
Beaucamp, Eduard 130
Beck, Hanno 112
Becker, Friedrich 140
Becker, Jürgen 85, 121, 137
Becker, Walter P. 128
Becker-Obolenskaja, Wilhelm 140
Becksmann, Rüdiger 149
Bégouën, Henri Graf 140
Békésy, Georg von 140
Belentschikow, Renate 86, 126, 153, 165
Belentschikow, Walentin 153
Bellen, Heinz 140
Bellow, Saul 140
Belmonte, Carlos 86, 126, 145
Belzner, Emil 140
Bender, Hans 86, 120, 137, 139, 155, 167
Bendix, Astrid 146
Bendix, Jörg 112, 132, 146
Benedum, Jost 140
Benninghoff, Alfred 140
Benyoëtz, Elazar 131
Benz, Ernst 140
Benzing, Johannes 140
Bergengruen, Werner 140
Bernstein, Frank 147
Berve, Helmut 140
Besse, Maria 151, 164, 166
Beumann, Helmut 140
Beutel, Jens 128
Białostocki, Jan 140
Biehle, Gabriele 149
Biersch, Gabriele 10
Binder, Kurt 86, 122, 146
Binsfeld, Andrea 147

Birbaumer, Niels-Peter 86, 121, 145
Bischoff, Friedrich 140
Bischoff, Karl 140
Bittel, Kurt 140
Blänsdorf, Jürgen 147
Blaschke, Wilhelm 140
Bleckmann, Horst 86, 122, 145
Bleker, Johanna 163
Blumenberg, Hans 140
Bock, Hans 86, 121, 146
Boesch, Hans 131
Böhner, Kurt 86, 124, 148
Bohnert, Niels 151
Bohr, Niels 140
Bohrer, Karl Heinz 130
Böll, Heinrich 140
Borbein, Adolf Heinrich 86, 126, 148, 149, 166
Borchers, Elisabeth 86, 120, 137
Borg, Karola 10
Borkovskij, Viktor Ivanovič 140
Born, Karl Erich 140
Born, Nicolas 140
van den Borren, Charles 140
Borrmann, Stephan 132
Bosch, Gabriele 154
Brandt, Hugo 129
Brang, Peter 87, 125, 153
Bräuer, Herbert 140
Braun, Knut 145
Braun, Volker 87, 124
Bredt, Heinrich 138, 140
Breidbach, Olaf 153
Brennecke, Peter 112
Brenner, Günter 139
Brentano, Bernard von 140
Breuil, Henri 140
Broglie, Louis-César Duc de 140
Brösch, Marco 151

Brück, Hermann Alexander 140
Bruer, Stephanie-Gerrit 133
Brunner, Otto 140
Büchel, Karl Heinz 87, 125
Buchmann, Johannes 87, 122, 146
Buddenbrock-Hettersdorf, Wolfgang Freiherr von 140
Buddruss, Georg 112, 151
Büdel, Julius 140
Büdenbender, Stefan 151
Bulach, Doris 150
Burch, Thomas 112, 151, 154, 162
Burkart, Erika 131
Buschmeier, Gabriele 10, 112, 153
Butor, Michel 131
Buzzati, Dino 140

Cady, Walter 140
Cardauns, Burkhart 112, 148
Carnap-Bornheim, Claus von 161
Carrier, Martin 87, 122, 147
Carstensen, Carsten 87, 126, 146
Caullery, Maurice 140
Chantraine, Heinrich 140
Chiusi, Tiziana J. 147
Christes, Johannes 147
Christiansen, Bettina 149
Christmann, Hans Helmut 140
Claußen, Martin 87, 126
Cocteau, Jean 141
Conforto, Fabio 141
Corrêa, Antonio Augusto Esteves Mendes 141
Corti, Carlo 151
Corzelius, Gabriele 10
Crawford, Michael H. 148
Croce, Elena 141
Croll, Gerhard 112, 153
Cullmann, Oscar 141
Czechowski, Heinz 137

Dabelow, Adolf 141
Dahlmann, Hellfried 141
Damm, Sigrid 87, 122
Danzmann, Karsten 50, 87, 123
Dardano, Paola 80
Debus, Friedhelm 87, 125, 149, 151, 152, 166
Deckers, Johannes Georg 113, 148, 149
Dedecius, Karl 131
Dedner, Burghard 113, 151, 152, 158
Defant, Albert 141
Dehio, Ludwig 141
Deichgräber, Karl 141
Deißler, Johannes 147
Delgado, Honorio 141
Delp, Heinrich 129
Demargne, Pierre 141
Demus, Otto 141
Déry, Tibor 141
Detering, Heinrich 88, 122, 137
Deuring, Max 141
Dhom, Georg 88, 124, 145, 146
Dickhaut, Eva-Maria 154
Diepgen, Paul 138, 141
Diestelkamp, Bernhard 88, 125, 150, 154, 166
Dietz, Ute Luise 113, 149, 164
Diller, Hans 141
Dingel, Irene 88, 122, 147, 150, 154, 159
Dittberner, Hugo 88, 121, 137, 155
Döblin, Alfred 139, 140, 141
Doemming, Klaus-Berto von 129
Domagk, Gerhard 141
Domin, Hilde 137
Dörfer, Jael 154
Dorst, Tankred 88, 121
Draesner, Ulrike 137
Duchhardt, Heinz 88, 122, 149

Duden, Anne 88, 126
Duhamel, Georges 141
Dumont, Franz 153
Duncan, Ruth 88, 126
Duvnjak, Mario 10
Dyggve, Ejnar 141

Eberhard, Wolfram 141
Eckert, Christian 138, 141
Eder, Claudia 132
Eder, Walter 147
Edfelt, Johannes 141
Edinger, Tilly 141
Edschmid, Kasimir 141
Eggebrecht, Hans Heinrich 141
Egle, Karl 141
Ehlers, Jürgen 88, 124, 146
Ehrenberg, Hans 141
Ehrhardt, Helmut 89, 125, 146
Eich, Günter 141
Eichelbaum, Michel 89, 126
Eicher, Hermann 129
Eichinger, Ludwig Maximilian 89, 126, 151
Eigler, Ulrich 147
Einem, Herbert von 141
Eisenhauer, Ursula 149
Eißfeld, Otto 141
Emge, Carl August 141
Emrich, Wilhelm 141
Endlich, Gerhard 149
Engels, Heinrich-Josef 113, 149
Erben, Heinrich Karl 141
Erichsen, Wolja 141
Escherich, Brunhilde 150
Etges, Christine 150
Etkind, Efim 141
Ewe, Henning 113

Faber, Karl-Georg 141
Fabian, Bernhard 113, 153
Fabri, Albrecht 130
Falter, Jürgen 89, 126, 154
Fees, Irmgard 150
Feng, Zhi 141

169

Ficker, Heinrich von 141
Filip-Fröschl, Johanna 147
Finscher, Ludwig 89, 124, 153
Fischer, Alfred G. 89, 124
Fischer, Eberhard 145
Fischer, Hubertus 133
Fischer, Kurt von 141
Flasch, Kurt 133
Fleckenstein, Bernhard 89, 122, 145, 146, 157
Fleischanderl, Karin 131
Folz, Robert 141
Fondermann, Philipp 147
Font, Márta 89, 126, 149
Forestier, Hubert 141
Forster, Karl-August 129
Franke, Herbert 127
Frankenberg, Peter 113, 146
Franzen, Hans 128
Frech, Karl Augustin 150
Frenzel, Burkhard 90, 121, 146, 149, 157
Frey, Dagobert 141
Freye, Hans-Albrecht 141
Freyer, Hans 141
Frey-Wyssling, Albert 141
Friauf, Eckhard 132
Fricke, Miriam 148
Fried, Johannes 11, 90, 122, 149, 150, 165
Frisch, Karl von 141
Fritz, Walter Helmut 90, 120, 137, 139, 155
Fröhlich, Hans Jürgen 137, 141
Frölich, August 128
Fuchs, Christoph 90, 125, 146
Fuchs, Jockel 129
Fuchs, Rüdiger 11, 150, 162
Fuhrmann, Horst 150
Funk, Gerald 152
Funke, Gerhard 22, 141
Furrer, Gerhard 90, 125, 146

Gabriel, Gottfried 90, 126, 147, 153, 162

Gagé, Jean Gaston 141
Gahse, Zsuzsanna 137
Galimov, Eric Mikhailovich 90, 125, 146
Gall, Dorothee 90, 122, 148, 154, 163
Gamauf, Richard 147
Gambke, Gotthard 129
Gamillscheg, Ernst 141
Gantenberg, Mathilde 129
Gantner, Joseph 141
Ganzer, Klaus 90, 121, 150, 154
Gärtner, Kurt 91, 125, 147, 151, 152, 154, 162, 163
Gast, Uwe 149
Geisler, Claudius 10, 11, 139
Geitler, Lothar 141
Gerhold, Markus 147
Gerke, Friedrich 141
Gerok, Wolfgang 91, 125, 146
Gibbons, Brian Charles 91, 126, 152
Giese, Willy 141
Gill, Sabine 10, 11
Ginzburg, Natalia 141
Giorgieri, Mauro 151
Giron, Irène 129
Glasenapp, Helmuth von 141
Goldammer, Kurt 141
Goldschmidt, Georges-Arthur 131
Gölz, Tanja 11, 153
Gorecki, Joachim 148
Gossauer, Albert 113
Gottstein, Günter 91, 122, 146
Götz, Karl Georg 91, 124
Gräff, Gernot 141
Grammel, Richard 141
Granholm, Johann Hjalmar 141
Grauert, Hans 91, 124
Green, Julien 141
Grégoire, Charles 141
Grégoire, Henri 141

Grehn, Franz 91, 126, 145, 146
Greule, Albrecht 113, 151, 152
Greve, Ludwig 141
Grewing, Michael 91, 121, 146
Grieser, Heike 147
Grimm, Christoph 128
Grønbech, Kaare 141
Gröschler, Peter 147
Groß, Nathalie 151
Grosse, Siegfried 128
Grote, Andreas J. 11, 148
Grubmüller, Klaus 113, 152
Grünbein, Durs 137
Gründer, Karlfried 91, 124, 147, 148
Grünewald, Herbert 129
Gschnitzer, Fritz 147
Guarducci, Margherita 141
Günther, Sven 147
Gurlitt, Wilibald 141
Gustafsson, Lars 92, 124, 131
Gutschmidt, Karl 114, 153

Haavikko, Paavo 131
Haberland, Gert L. 92, 124, 145
Habicht, Werner 92, 125, 151, 152
Hachenberg, Otto 141
Hadot, Pierre 92, 124, 147, 148
Haftmann, Werner 130
Hagemann, Wolfgang 114, 145
Hahn, Otto 140
Halbwachs, Verena 147
Halfwassen, Jens 133
Hamburger, Michael 130
Hamel, Georg 141
Hanau, Eva 153
Handke, Ella 153
Hanfmann, George M. A. 141
Hanhart, Ernst 141
Hansen, Björn Helland 141

Hansen, Kurt 141
d'Harcourt, Robert Comte 141
Harig, Ludwig 92, 121, 137
Harnisch, Heinz 92, 125
Harris, Edward Paxton 114
Harth, Helene 114, 148
Härtling, Peter 92, 120
Hartmann, Hermann 141
Hartmann, Nicolai 141
Hartung, Harald 92, 121, 137, 155
Hasse, Helmut 141
Hatzinger, Birgitt 10
Haubrichs, Wolfgang 92, 122, 150, 151, 152, 166
Haupt, Otto 141
Hausenstein, Wilhelm 141
Hausmann, Manfred 141
Haussherr, Reiner 92, 120, 148, 149, 150, 152, 154, 160
Haverkamp, Alfred 132, 159
Heckmann, Herbert 137, 142
Hedvall, Johan Arvid 142
Hehl, Ernst-Dieter 11, 149
Heimpel, Hermann 142
Heimsoeth, Heinz 142
Hein, Manfred Peter 131
Heinen, Heinz 92, 122, 147, 148, 149, 150, 151, 160
Heinicker, Petra 150
Heinig, Paul-Joachim 150, 165
Heinrichs, Johannes 148
Heinze, Hans-Jochen 93, 126
Heise, Hans Jürgen 137
Heißenbüttel, Helmut 137, 142
Heitler, Walter Heinrich 142
Heitsch, Ernst 93, 120, 147, 148, 164
Hellpach, Willy 140
Helmrath, Johannes 150
Helwig, Werner 142
Helzer, Hans 127
Hempel, Wido 22, 142
Henn, Walter 22, 142

Henning, Hansjoachim 93, 121, 149, 150, 154, 164
Herbers, Klaus 150
Herrmann, Günter 93, 124
Herrmann, Wolfgang A. 93, 125
Herrmann-Otto, Elisabeth 147
Herz, Peter 147
Herzog, Roman 93, 120
Hesberg, Henner von 93, 122, 147, 148, 149, 159
Hesse, Helmut 11, 93, 121, 138, 154
Hettche, Thomas 137
Heuss, Theodor 140
Heymans, Corneille 142
Hiestand, Rudolf 150
Hildebrand, Reinhard 153
Hildenbrandt, Vera 151
Hillebrand, Bruno 93, 120, 155
Himmelmann, Nikolaus 93, 124, 147, 148, 149
Hinüber, Oskar von 94, 121, 151, 162
Hirsch, Rudolf 142
Hirzebruch, Friedrich 94, 124
Hoben, Wolfgang 147
Hoffer, Klaus 137
Hoffmann, Dieter 94, 120, 130, 137, 139, 155
Hoffmann, Helmut 142
Hohnerlein-Buchinger, Thomas 153
Hoinkes, Herfried 142
Höllermann, Peter 114, 146
Holtmeier, Friedrich-Karl 114, 146
Hoogers, Gregor 132
Horsmann, Gerhard 147
Horst, Karl August 142
Hotz, Günter 94, 121, 146, 154
Houdremont, Edouard 142
Hoyt, Giles R. 151
Hradil, Stefan 51, 94, 126
Hruza, Karel 150

Huber, Franz 94, 124
Huhn, Kuno 127
Hühn, Helmut 147
Hundius, Harald 114, 151
Hunger, Herbert 142
Hupe, Werner 154
Hürlimann, Thomas 131
Husein, Taha 142
Huxley, Aldous 142

Ibisch, Pierre Leonhard 134
Illhardt, Franz Josef 114, 146
Indiano, Elisabetta 153
Inhoffen, Hans Herloff 142
Instinsky, Hans Ulrich 142
Isele, Hellmut Georg 138, 142
Iserloh, Erwin 142
Issing, Otmar 94, 121, 154

Jaccottet, Philippe 130
Jaeger, Werner 142
Jäger, Eckehart J. 94, 125, 145
Jäger, Norbert 150
Jahnn, Hans Henny 142
Janicka, Johannes 51, 94, 126, 146
Jänicke, Gisbert 131
Jansohn, Christa 95, 123, 133
Jäschke, Kurt-Ulrich 150
Jedin, Hubert 142
Jenny, Zoë 137
Jentschke, Willibald 142
Jirgl, Reinhard 131
Jockenhövel, Albrecht 114, 149, 164
Jordan, Pascual 138, 142
Jördens, Andrea 114, 148
Jost, Jürgen 95, 122, 146
Jung, Richard 142
Junge, Christian 142
Justi, Eduard 138, 142

Kaenel, Hans-Markus von 95, 126, 147, 148, 149, 161
Kahsnitz, Rainer 95, 125, 148, 149, 150, 162

171

Kaiser, Jochen 133
Kaiser, Wolfgang 147
Kalkhof-Rose, Sibylle 95, 120, 128, 132, 135
Kalkhof-Rose, Walter 129, 140
Kambartel, Friedrich 114, 147
Kambou, Sie Edy 10
Kandel, Eric Richard 95, 125
Karling, Tor G. 142
Kasack, Hermann 142
Kaschnitz-Weinberg, Marie Luise von 142
Kästner, Erich 142
Katajew, Valentin 142
Kehlmann, Daniel 95, 122, 137, 155
Keim, Anton M. 115, 155
Kellermann, Bernhard 142
Kemmers, Fleur 148
Kemp, Friedhelm 131
Kern, Adolf 129
Kesel, Antonia B. 115, 145
Kessel, Martin 142
Kesten, Hermann 142
Kier, Gerold 134
Kiparsky, Valentin 142
Kirchgässner, Klaus 95, 125
Kirchner, Barbara 148
Kirsten, Wulf 95, 121, 131, 137
Kisch, Wilhelm 142
Kitzinger, Ernst 142
Klees, Hans 147
Kleiber, Wolfgang 95, 124, 149, 151, 152, 154
Klein, Alexandra 134
Klein, Juliane 9
Klein, Richard 147
Klein, Thomas 115, 152
Kleßmann, Eckart 96, 121
Kling, Thomas 137
Klinger, Jörg 151
Klingenberg, Georg 147
Klingenberg, Wilhelm 96, 120, 146
Klöppel, Kurt 142

Klug, Ulrich 142
Knop, Kerstin 151
Koch, Claudia 134
Koch, Werner 142
Kodalle, Klaus-Michael 96, 122, 147
Kohler, Max 142
Kolb, Annette 142
Koller, Heinrich 96, 125, 149, 150
Kollmann, Franz Gustav 96, 121, 146
Kölzer, Theo 150
Komnick, Holger 148
König, Barbara 96, 120, 139
Konrád, György 96, 125, 130
Kopff, August 142
Košak, Silvin 151
Koschaker, Paul 142
Koselleck, Reinhart 115, 147
Kosswig, Curt 142
Kraft, Ernest A. 142
Kraft, Werner 130
Krahe, Hans 142
Krämer, Andrea 152
Krämer, Werner 127
Kramer, Johannes 115, 153
Krampe, Christoph 147
Kranz, Margarita 147
Krause, Margitta 149
Krauß, Angela 49, 96, 123
Krebs, Bernt 96, 122, 146
Kresten, Otto 96, 126, 149
Kreuder, Ernst 142
Kristeller, Paul Oskar 142
Krolow, Karl 142
Kronauer, Brigitte 131
Kroppenberg, Inge 147
Krüger, Michael 96, 121
Krull, Wilhelm 128
Krull, Wolfgang 142
Krummacher, Hans-Henrik 97, 121, 147, 149, 150, 151, 152, 154, 158, 166
Kubach, Wolf 149
Kuczera, Andreas 10, 11, 115, 150, 154
Kühn, Dieter 97, 121

Kuhn, Hans 97, 120
Kühn, Herbert 142
Kühnel, Ernst 142
Kümmel, Werner F. 115, 153, 165
Kunze, Jens 154
Kunze, Max 149, 166
Kunze, Ulrich 115
Küpfmüller, Karl 138, 142
Kurelec, Branko 142

Lambsdorff, Johann Graf 133
Lange, Hermann 97, 120, 154
Lange, Horst 142, 149
Langgässer, Elisabeth 142
Lantier, Raymond 142
Lauer, Wilhelm 97, 120, 135, 138, 146
Laurent, Torbern 142
Laurien, Hanna-Renate 127
Lautz, Günter 97, 120
Lavant, Christine 142
Laves, Fritz 142
Laxness, Halldór 142
Lehfeldt, Werner 115, 153
Lehmann, Karl 97, 125
Lehmann, Klaus-Dieter 97, 125, 149
Lehmann, Wilhelm 142
Lehn, Jean-Marie 97, 125
Leithoff, Horst 142
Lenk, Michael 152
Lentz, Michael 137
Lenz, Rudolf 115, 154, 160
Lenz, Widukind 142
Leonardi, Claudio 133
Leonhard, Kurt 142
Lepenies, Wolf 131
Leppin, Hartmut 147
Leupold, Dagmar 137
Lewald, Hans 142
Lichnowsky, Mechtilde 142
Lienhard, Marc 97, 125, 150
Liljeblad, Ragnar 142
Lindauer, Martin 97, 120, 145
Lindblad, Bertil 142
Lissa, Zofia 142

Littmann, Enno 142
Loewe, Fritz 142
Loher, Werner 98, 124
Lombardi, Luigi 140
Lommatzsch, Erhard 142
Loos, Erich 22, 142
Lorenz, Konrad 142
Lotze, Franz 142
Lübbe, Hermann 98, 124
Lübbe, Weyma 133
Lübbers, Dietrich W. 142
Lubich, Gerhard 150
Luckhaus, Stephan 11, 98, 122, 146
Lüddeckens, Erich 142
Ludwig, Günther 98, 124
Lukas, Reinhard 10, 11
Luther, Alexander 142
Lütjen-Drecoll, Elke 9, 11, 98, 121, 138, 145, 146
Lütteken, Anett 152
Lütteken, Laurenz 132
Lützeler, Paul Michael 98, 125

Magris, Claudio 98, 126
Mai, Patrick 152
Maier, Andreas 137
Maier, Anneliese 143
Maier, Joachim 98, 122, 146
Maier, Petra 148
Maksimova, Anastassia 147
Malkowski, Rainer 131, 137, 143
Mallmann, Nina 150
Malraux, André 143
Manganelli, Giorgio 130
Mann, Gunter 143
Marcus, Ernst 143
Martin, Albrecht 98, 120, 127
Martin, Alfred von 143
Massignon, Louis 143
Matthes, Ernest 143
Matz, Friedrich 143
Maurer, Thomas 148
Mayer, Cornelius 158
Mažiulis, Vytautas 98, 124

Meckel, Christoph 131, 137
Meding, Olaf 10, 11, 115, 154
Mehl, Dieter 99, 122, 151, 152, 153
Mehnert, Klaus 143
Meier, Dietrich 149
Meier, Johannes 99, 122, 150, 154
Meimberg, Rudolf 128, 133
Mell, Max 143
Menasse, Robert 131
Menzel, Michael 150
Menzel, Randolf 99, 125
Merlo, Clemente 143
Messerli, Bruno 99, 125, 146
Metken, Günter 130
Metzler, Jeannot 148
Meyer zum Büschenfelde, Karl-Hermann 99, 125, 146
Michaelis, Jörg 99, 125, 146, 153
Michelsen, Axel 99, 125
Migge, Sonja 134, 145
Milch, Werner 143
Miller, Jared L. 151
Miller, Norbert 99, 121, 149, 152, 155, 167
Miltenburger, Herbert G. 99, 125
Minder, Robert 143
Möller, Rolf 128
Molo, Walter von 139, 140
Mon, Franz 137
Monsees, Yvonne 150
Moraw, Peter 150
Moruzzi, Guiseppe 143
Mosbrugger, Volker 100, 122, 146
Moser, Jürgen 143
Mothes, Kurt 143
Moulin, Claudine 116, 152, 162
Mucke, Sibylle 148
zur Mühlen, Karl-Heinz 116, 150
Müller, Bianca 10

Müller, Carl Werner 100, 124, 147, 148, 149, 153, 164
Müller, Christa 10
Müller, Gerfrid G. W. 116, 151, 154
Müller, Gerhard 100, 120, 147, 150, 154, 160, 166
Müller, Heiner 143
Müller, Hermann Joseph 143
Müller, Herta 131
Müller, Kai 134
Müller, Klaus-Detlef 116, 151, 152
Müller, Walter 148, 159
Müller, Walter W. 100, 121, 151
Müller-Wille, Michael 100, 121, 147, 148, 149, 166
Munding, Maria 152
Muschg, Adolf 100, 124
Mutke, Jens 134
Mutschler, Ernst 100, 121, 145, 146

Nachtigall, Werner 100, 120, 145, 146, 157
Nasledov, Dimitrij Nikolaevič 143
Nehlsen, Hermann 147
Neipel, Frank 145
Neu, Erich 143
Neunzert, Helmut 132
Nickel, Herbert 134
Nieden, Birthe zur 154
Nikitsch, Eberhard J. 150
Noeske, Hans-Christoph 11, 148
Noeske-Winter, Barbara 148
Nord, Ernst 129
Norinder, Ernst Harald 143
Nossack, Hans Erich 139, 143

Oberreuter, Heinrich 100, 125, 154
Oelschläger, Herbert 22, 143
Oesterhelt, Dieter 101, 125

Oettinger, Norbert 116, 151
Oexle, Otto Gerhard 116, 149
Ogan, Aziz 143
Oleschinski, Brigitte 137
Olszowy, Sieglinde 10
Oppel, Horst 143
Orth, Eduard 129
Osche, Günther 101, 124
Osten, Manfred 101, 122
Osterkamp, Ernst 101, 122, 149, 151, 152
Ott, Karl-Heinz 50, 101, 123, 137
Otten, Ernst Wilhelm 101, 121, 146
Otten, Fred 101, 121, 149, 151, 153
Otten, Heinrich 11, 101, 120, 138, 147, 148, 151, 162
Otten, Karl 143

Pack, Robin 154
Päffgen, Bernd 148
Pagenstecher, Max 143
de Pange, Jean Comte 143
Pardi, Leo 143
Parello, Daniel 149
Parisse, Michel 101, 125, 149
Patat, Franz 143
Pauc, Christina Yvon 143
Paul, Norbert W. 116, 153
Paulig, Wolfgang 128
Paustovskij, Konstantin 143
Paz, Octavio 130
Pedersen, Johannes 143
Pei, Ieoh Ming 132
Pennitz, Martin 147
Penzoldt, Ernst 143
Peter, Hartmut 154
Peterle, Margit 149
Peters, Christoph 137
Peters, Wilhelm 143
Petersdorff, Dirk von 101, 122, 154
Petersen, Konrad 129
Petke, Wolfgang 150
Petzoldt, Helga 154
Pfannenstiel, Max 143

Pfefferl, Horst 147
Pfister, Max 102, 124, 151, 152, 153, 163
Philippi, Daniela 11, 153
Piepenburg, Dieter 146
Piganiol, André 143
Pilkuhn, Manfred 102, 121, 146
Pinget, Robert 143
Pini, Ingo 148
Piperek, Klaus 153
Plank, Rudolf 143
Plate, Ralf 152, 163
Plättner, Petra 10, 155
Plessner, Helmuth 143
Pohl, Walter 150
Pöhlmann, Stefan 145
Politycki, Matthias 137
Poppe, Nikolaus 143
Porembski, Stefan 116, 145
Pörksen, Uwe 11, 102, 121, 155
Porzig, Walter 143
Preuss, Fritz 128
Prinzing, Günter 147
Puhl, Roland 152

Radbruch, Gustav 143
Radnoti-Alföldi, Maria 102, 125, 147, 148, 161
Rafiqpoor, Mohammed Daud 116, 145, 146
Rainer, J. Michael 147
Ramge, Hans 117, 152
Ramm, Ekkehard 102, 122, 146
Rammensee, Hans-Georg 51, 102, 126
Rapp, Andrea 152, 162
Rapp, Ulf R. 102, 122, 145
Raspe, Hans Heinrich 117, 146
Rassow, Peter 138, 143
Rau, Wilhelm 143
Rauh, Werner 143
Raumer, Kurt von 143
Recker-Hamm, Ute 152

Recktenwald, Horst Claus 143
Reese, Stefanie 133
Rehme, Ingrid 152
Reichardt, Werner 143
Reichel, Verena 131
Reichert-Facilides, Fritz 143
Reich-Ranicki, Marcel 130
Reil, Heide 145
Rein, Astrid 153
Reis, André 52, 102, 126
Reiter, Josef 128
Reiter-Theil, Stella 117, 146
Remane, Adolf 143
Renner-Volbach, Dorothee 149
Riccardi, Silvia 147
Richardt, Rudolf 149
Riehl, Herbert 143
Rieken, Elisabeth 117, 151
Riemer, Peter 117, 148, 163
Riethmüller, Albrecht 103, 121, 147, 153, 159, 161
Riezler, Erwin 143
Ringger, Kurt 135
Ringsdorf, Helmut 103, 120, 146, 156
Ritsos, Yannis 143
Ritter, Joachim 143
Rittgen, Helmut 11
Rittner, Christian 103, 125, 146, 153
Röckner, Michael 103, 122, 146
Rödel, Ute 154, 166
Röder, Christiane 148
Roelcke, Volker 117, 153
Rohen, Johannes W. 103, 120, 138, 145, 146
Rombach, Ursula 148
Rosendorfer, Herbert 103, 121, 137
Rösler, Hans-Peter 153
Rösler, Johannes Baptist 127
Rostosky, Sylvester 128
Roth, Ulrike 147
Rothacker, Erich 143
Rothenbücher, Judith 134

Rotter, Ekkehart 154, 166
Rübner, Tuvia 103, 126
Rübsamen, Dieter 11, 150
Rudder, Bernhard de 143
Rudloff, Wilfried 149
Rügler, Axel 149
Rupprecht, Gerd 148
Rupprecht, Hans-Albert 103, 126, 147, 148, 151, 161
Rüster, Christel 151
Rust-Schmöle, Gisela 149
Rychner, Max 143
Rydbeck, Olof Erik Hans 143

Safranski, Rüdiger 130, 137
Sahmland, Irmtraut 153
Sammet, Rolf 143
Samuelson, Paul A. 103, 125, 154
Sanctis, Gaetano de 140
Sandeman, David 104, 125
San Nicoló, Mariano 143
Sappler, Paul 117, 152
Schäck, Ernst 129
Schaefer, Matthias 104, 121, 145
Schaeffer, Albrecht 143
Schäfer, Christoph 147
Schäfer, Dorothea 147
Schäfer, Fritz Peter 104, 124
Schäfer, Hans Dieter 11, 104, 122, 155
Schalk, Fritz 143
Scharf, Joachim-Hermann 104, 124, 153
Schätzel, Walter 143
Schäufele, Wolf-Friedrich 136
Schaurte, Werner T. 129
Scheel, Helmuth 139
Scheffel, Helmut 131, 143
Scheibe, Erhard 104, 124
Scheller, Andrea 153
Scherhag, Richard 143
Scheu, Stefan 117, 145
Schieder, Theodor 143
Schieffer, Rudolf 150, 165

Schimank, Hans Friedrich Wilhelm Erich 143
Schindel, Robert 137
Schindewolf, Otto H. 143
Schink, Bernhard 104, 122, 145
Schirmbeck, Heinrich 143
Schirnding, Albert von 9, 11, 104, 122, 137, 139
Schlögl, Reinhard W. 104, 124
Schmid, Wolfgang P. 105, 120, 138, 147, 148, 149, 151, 152, 153, 158
Schmidt, Barbara 145
Schmidt, Robert F. 105, 121, 145, 146
Schmidt, Roderich 150
Schmidt, Ulrich 150
Schmidt-Biggemann, Wilhelm 117, 147
Schmidtbonn, Wilhelm 143
Schmidt-Glintzer, Helwig 105, 122, 151
Schmitz, Ansgar 152
Schmitz, Antje 149
Schmitz, Arnold 143
Schmitz, Winfried 147
Schmölders, Günter 143
Schnabel, Franz 143
Schnack, Friedrich 143
Schneider, Hermann 143
Schneider, Reinhold 143
Scholl, Reinhold 147
Schölmerich, Paul 105, 124, 146, 153, 154, 165
Scholtz, Gunter 118, 147
Scholz, Hartmut 149, 160
Scholz, Sebastian 150
Schramm, Gerhard 143
Schröder, Jan 105, 122, 149, 154
Schröder, Rudolf Alexander 143
Schröder, Werner 105, 120, 147, 148, 151, 152, 154
Schrott, Raoul 131
Schubert, Helmut 148

Schulenburg, Graf Johann-Matthias von der 105, 122, 154
Schultheis, Saskia 150
Schulz, Günther 49, 105, 123
Schulze, Ingo 131
Schumacher, Leonhard 118, 147
Schütz, Helga 106, 121
Schwab-Felisch, Hans 130
Schwarz, Hans-Peter 106, 125, 149
Schwedhelm, Karl 144
Schweickard, Wolfgang 106, 122, 153, 163
Schwenkmezger, Peter 129
Schwerdtfeger, Malin 137
Schwidetzky-Roesing, Ilse 144
Sciascia, Leonardo 144
Sebald, W. G. 131
Seebach, Dieter 106, 125
Seefelder, Matthias 144
Seeger, Sofia 150
Seewald, Friedrich 144
Sehnert-Seibel, Angelika 149
Seibold, Eugen 106, 120, 146
Seip, Didrik Arup 144
Sell, Yves 118, 145
Servatius, Carlo 10
Seybold, August 144
Siedle, Christine 152
Siegbahn, Karl Manne Georg 144
Siemann, Claudia 149
Sier, Kurt 106, 122, 133, 147, 148, 153
Siggemann, Jürgen 165
Simon, Arndt 106, 125
Simonis, Marcel 148
Sinn, Hansjörg 106, 124
Slaje, Walter 106, 126, 151, 162
Smekal, Adolf 144
Soden, Wolfram Freiherr von 144
Solin, Heikki 148
Söllner, Alfred 144

175

Sommerfeld, Arnold 140
Sontag, Susan 130
Späth, Holger 149
Spatz, Hugo 144
Specht, Franz 144
Spengler, Hans-Dieter 148
Speyer, Wilhelm 144
Spielhagen, Robert 146
Srbik, Heinrich Ritter von 144
Stackmann, Karl 118, 152
Stadler, Arnold 107, 122, 137
Stadler, Toni 130
Stagl, Jakob Fortunat 148
Steinbeck, Wolfram 107, 126, 153
Steinhofer, Adolf 129
Stemmler, Wolfgang 10
Stent, Günther S. 107, 125
Stern, Carola 130
Sternberger, Dolf 130
Stimm, Helmut 144
Stocker, Thomas 107, 126
Stoll, Christoph 150
Stoll, Oliver 148
Stolleis, Michael 11, 107, 121, 149, 154
Strauch, Friedrich 107, 121, 146
Streeruwitz, Marlene 137
Strehler, Bernhard Louis 144
Streit, Manfred E. 107, 125, 154
Struve, Tilman 150
Stuckenschmidt, Hans Heinz 130
Stütz, Marc 10
Stützel, Thomas 145
Supervielle, Jules 144
Süssmuth, Rita 127
Süsterhenn, Adolf 129
Suzuki, Tomoji 144
Szentágothai, János 144

Tabucchi, Antonio 131
Tamm, Ernst 132
Tancke, Gunnar 153
Tank, Franz 144

Tao, Jingning 152
Tarot, Rolf 118, 151, 158
Tautz, Jürgen 118, 145
Tempel, Thomas G. 150
Tennstedt, Florian 107, 126, 149, 164
Thenior, Ralph 137
Thews, Gerhard 138, 144
Thiede, Jörn 107, 121, 146, 156
Thierolf, Heidi 10
Thiess, Frank 139, 144
Thissen, Heinz Josef 108, 125, 147, 151, 158
Thoenes, Wolfgang 144
Thomas, Werner 108, 124, 151, 153
Thommel, Wulf 139
Thorau, Peter 150
Timmler, Elisabeth 153
Tonojan, Rüdiger 149
Töpfer, Klaus 127
Torri, Giulia 151
Trappen, Stefan 133
Treichel, Hans-Ulrich 137
Trémouille, Marie-Claude 151
Tressel, Yvonne 153
Treue, Wolfgang 129
Troll, Carl 144
Troll, Wilhelm 144
Tuxen, Poul 144

Uckelmann, Marion 149
Unbegaun, Boris Ottokar 144
Usinger, Fritz 144

Vallauri, Giancarlo 144
Vallois, Henri 144
Vasmer, Max 144
Vaupel, Peter W. 108, 122, 145
Vec, Miloš 133
Vecchio, Giorgio del 144
Végh, Zoltán 148
Veith, Michael 52, 108, 126
Vering, Eva-Maria 152

Verschuer, Otmar Frhr. von 144
Verse, Frank 149
Vesper, Guntram 108, 121, 137
Vieweg, Richard 138, 144
Vittmann, Günter 151
Vogel, Bernhard 127
Vogel, Hans Rüdiger 127
Vogel, Paul Stefan 108, 124, 145
Vogt, Joseph 138, 144
Voigt, Richard 129
Volkert, Heinz Peter 128
Volxem, Otto van 129
Vormweg, Heinrich 144

Wack, Sigrid 152
Wacke, Andreas 148
Waetzoldt, Stephan 108, 124, 149
Wagner, Karl Willy 138, 144
Wagner, Kurt 144
Wahlster, Wolfgang 108, 122, 146, 154
Waldstein, Wolfgang 148
Wallmoden, Thedel von 118, 155
Walser, Martin 144
Walzer, Richard 73
Weber, Adolf 144
Weber, Anne 137
Weber, Hans 118
Weber, Werner 22, 144
Weberling, Focko 108, 124, 145, 157
Weberskirch, Ralf 133
Wedepohl, Karl Hans 108, 120, 146
Wegner, Gerhard 9, 11, 109, 122, 138, 146
Wegner, Otto 129
Wehner, Rüdiger 109, 124
Weickmann, Ludwig 144
Weiland, Thomas 109, 121, 146
Weiler, Ingomar 148
Weinrich, Harald 131

Weiß, Alexander 148
Wellershoff, Dieter 109, 120, 131
Wels, Ulrike 149
Welte, Dietrich H. 109, 125, 146
Welwei, Karl-Wilhelm 148
Welzig, Werner 109, 125, 151
Wenzel, Manfred 11, 152
Werner, Markus 131
Wessén, Elias 144
Westphal, Otto H. E. 109, 124
Wetzel, Johannes 150
Wezler, Karl 144
Wickersheimer, Ernest 144
Wickert, Erwin 109, 120, 135
Wieland, Theodor 144
Wieling, Hans 148
Wiener, Malcom 134
Wiese und Kaiserswaldau, Leopold von 144
Wiesemann, Claudia 118, 146
Wiesflecker, Hermann 150
Wigg-Wolf, David G. 11, 148
Wilder, Thornton 144
Wilhelm, Gernot 9, 11, 109, 122, 138, 147, 151, 154, 162

Wilhelm, Julius 144
Willroth, Karl-Heinz 118, 149, 161
Willson, A. Leslie 110, 124
Willvonseder, Reinhard 148
Wimmer, Markus 148
Winau, Rolf 119, 153
Winiger, Matthias 110, 121, 146
Winnacker, Karl 144
Winning, Myriam 136
Winter, Stefan 119, 146
Wisser, Alfred 145
Wissmann, Hermann von 144
Wittern-Sterzel, Renate 110, 123, 148, 153
Wittstock, Uwe 137
Witzel, Jörg 154
Wlosok, Antonie 119, 148
Woelk, Ulrich 137
Woermann, Emil 144
Woesler, Winfried 119, 151, 152
Wohlrabe, Rainer 149
Wohmann, Gabriele 137
Wriggers, Peter 110, 122, 146
Wühr, Paul 137
Wurster, Carl 144
Würtenberger, Thomas 110, 126

Zagajewski, Adam 110, 126, 131
Zahn, Rudolf K. 110, 120, 145, 156
Zarnitz, Marie-Luise 127
Zauzich, Karl-Theodor 151
Zehr-Milić, Koviljka 149
Zeller, Bernhard 110, 120, 139, 147, 151, 155
Zeller, Eva 110, 121, 137
Zeller, Michael 137
Zeltner-Neukomm, Gerda 111, 124
Zernecke, Wolf-Dietrich 152
Zeuner, Friedrich E. 144
Ziegler, Leopold 144
Zielinski, Herbert 150
Zimmer, Karl Günter 144
Zimmermann, Bernhard 148
Zimmermann, Harald 111, 120, 149, 150, 154, 159
Zimmermann, Ruth 10
Zintzen, Clemens 11, 111, 120, 138, 147, 148, 149, 151, 153, 154, 155, 163
Zippelius, Reinhold 111, 121, 154, 166
Zöllner, Jürgen 129
Zuckmayer, Carl 144
Zwiedineck-Südenhorst, Otto von 144
Zwierlein, Otto 111, 124, 148, 150, 151